生活因阅读而精彩

 生活因阅读而精彩

孩子的第一本
抗压力训练书

柳艾琳 编著

中国华侨出版社

图书在版编目(CIP)数据

孩子的第一本抗压力训练书/柳艾琳编著.—北京：中国华侨出版社,2013.7（2021.2重印）

ISBN 978-7-5113-3779-5

Ⅰ.①孩… Ⅱ.①柳… Ⅲ.①心理压力-心理调节-儿童读物 Ⅳ.①B842.6-49

中国版本图书馆 CIP 数据核字(2013)第 149208 号

孩子的第一本抗压力训练书

编　　著 /	柳艾琳
责任编辑 /	立　羽
责任校对 /	孙　丽
经　　销 /	新华书店
开　　本 /	787 毫米×1092 毫米　1/16　印张/17　字数/252 千字
印　　刷 /	三河市嵩川印刷有限公司
版　　次 /	2013年9月第1版　2021年2月第2次印刷
书　　号 /	ISBN 978-7-5113-3779-5
定　　价 /	45.00 元

中国华侨出版社　北京市朝阳区静安里 26 号通成达大厦 3 层　邮编：100028
法律顾问：陈鹰律师事务所
编辑部：(010)64443056　　64443979
发行部：(010)64443051　　传真：(010)64439708
网址：www.oveaschin.com
E-mail：oveaschin@sina.com

经过母体的孕育，一个新的生命来到父母身边。当你看到他的那一刻，会从心底油然而生一种怜爱之情：这是一个多么柔弱的小家伙呀！

的确，每个孩子都是稚嫩的幼苗，但如果不经历风风雨雨的洗礼，将难以长成参天大树。

从这个角度来说，挫折就是孩子成长和学习的最好课堂。

一个没有经历挫折的孩子，他必将无法镇定、坚强地面对困难；一个没有经历过和挫折搏斗并最终战胜它的孩子，将无法认识到自身存在的主观能动性，让自己充满自信的力量，养成坚韧不拔的顽强意志。

父母须知，家庭教育的一个重要任务就是培养孩子的坚强意志，让孩子能够不怕挫折，不怕困难，并怀着一颗积极、自信的心去战胜挫折，跨越困境。只有这样，孩子才能健康地成长，顺利地发展，并在克服各种各样的困难之后，取得人生和事业的成功。

可是不得不承认，现在的孩子由于受尽全家人的宠爱，在承受挫折方面亟须提高。这就要求父母们必须从现在开始，把提升孩子抗挫折的能力作为培养教育的重中之重。不要认为孩子还小，总是"心太软"，要知道，过度关爱只会导致失败的教育结果。

如果你现在面临着不知道该怎样培养孩子抗挫折能力的困惑，那么这本书可以从70个生活细节上给出你答案。我们的宗旨是让孩子拥有一个良好的心态，勇敢地去克服困难，而这，也正是家庭教育的重中之重。

在弱者和强者眼里，在愚者和智者眼里，挫折有着截然不同的形态和影响。在弱者看来，挫折是压垮生命的重担；而在强者看来，挫折则是百炼成钢的烈焰；在愚者看来，挫折是遗漏快乐的筛网；在智者看来，挫折是通向幸福的桥梁。

"百炼方能成钢，千锤才可砺刃"。当我们的孩子拥有了战胜挫折的良好心态，那么，他将具备搏击长空的鹰簟般的力量，他的内心将拥有披荆斩棘的锐气！这时候，你或许眼前一亮：当年那个柔弱的婴儿已经如此坚韧，如此充满力量！

目 录 CONTENTS

 **第一章** 抛弃溺爱，抗挫折的孩子能吃苦

孩子不是"糖"，也不是"玻璃" >>>_2

现在吃点苦，将来才能少吃苦 >>>_6

对待孩子"狠一点" >>>_9

对孩子的不合理要求坚决说"NO" >>>_13

让孩子知道，坐享其成是一种耻辱 >>>_17

不放纵自私心理，让孩子学会分享 >>>_21

适当给孩子一些遭遇挫折的机会 >>>_24

鼓励孩子多参加体育锻炼 >>>_27

 **第二章** 不做"老妈子"，抗挫折的孩子不依赖

放弃"拐杖"角色，孩子的事让他自己做 >>>_32

家务活儿里练就生活自理能力 >>>_35

从小培养孩子理财意识 >>>_38

让孩子远离"蛋壳"心理 >>>_42

目录 CONTENTS

培养独立思考能力,让孩子自己解决问题 >>>_45

给孩子独立的空间 >>>_49

不动手去做,独立只能是空谈 >>>_53

引导孩子告别优柔寡断 >>>_56

让孩子具备良好的时间观念 >>>_60

注重培养孩子的责任心 >>>_63

给孩子责任之"根"和独立之"翼" >>>_66

错误面前,让孩子"自食其果" >>>_69

第三章　给孩子的自信添砖加瓦,抗挫折的孩子不怕输

有自信,才能无惧挫折与失败 >>>_74

帮助孩子树立积极的自我形象 >>>_77

让孩子内心的自卑感消失 >>>_81

让孩子远离虚荣心的侵蚀 >>>_85

培养孩子良好的竞争习惯 >>>_88

给孩子穿上"宽容"的罩衣 >>>_91

正确批评,给孩子前进的动力 >>>_94

改变孩子"唯我独尊"的观念 >>>_98

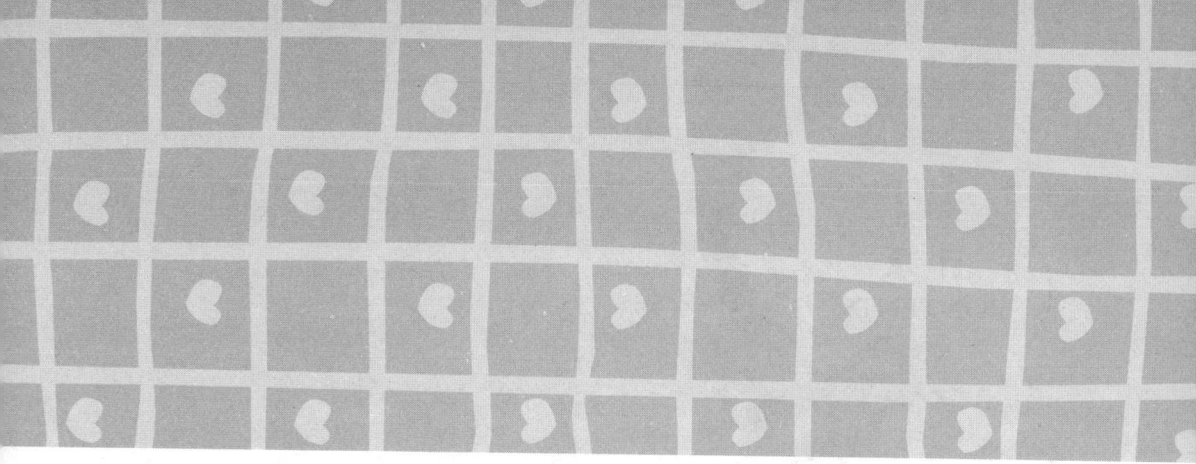

　　引导孩子把错误转化成锻炼的机会 >>>_102

　　让孩子学会接受自己的不完美 >>>_106

　　引导孩子学会适时地自我反省 >>>_109

 培养顶天立地的小大人，抗挫折的孩子能抗事

　　帮孩子克服胆怯心理，勇往直前 >>>_114

　　培养耐挫力，给孩子战胜挫折的力量 >>>_117

　　让孩子把挫折看作成长的机遇 >>>_120

　　骄傲的品质要不得 >>>_123

　　虚心好问，才能为大脑注入更多"营养" >>>_127

　　教孩子学会自我激励，为自己加油 >>>_130

　　乐观面对失败，风雨过后就是彩虹 >>>_134

　　培养耐心，让孩子"耐得住性子" >>>_137

　　教孩子学会灵活应变 >>>_141

　　教导孩子言要有信，行要有果 >>>_144

 不妨让孩子"胆大包天"，抗挫折的孩子有勇气

　　培养孩子主动进取精神 >>>_150

　　让孩子拥有说"不"的勇气 >>>_153

　　放开手，让孩子尽情探索 >>>_157

目录 CONTENTS

让孩子勇于表达和表现　>>>_161

引领孩子走出自闭的天地　>>>_164

告诉孩子死亡的真相，让他不再惧怕　>>>_168

让孩子知道，考试分数不是他的"命根儿"　>>>_172

突发事件面前，教孩子做个能够自救的勇者　>>>_176

鼓励孩子要勇于追逐梦想　>>>_179

第六章　把孩子磨炼得"百折不挠"，抗挫折的孩子很坚韧

培养孩子"摔不碎的意志"　>>>_186

带孩子走出悲观的泥淖　>>>_190

逆境中的花开得更美丽　>>>_194

让孩子学会接受不可避免的事实　>>>_198

鼓励孩子勇敢地面对失败　>>>_201

该认输时就认输，告诉孩子没有什么大不了　>>>_204

自尊心是孩子精神的骨架　>>>_208

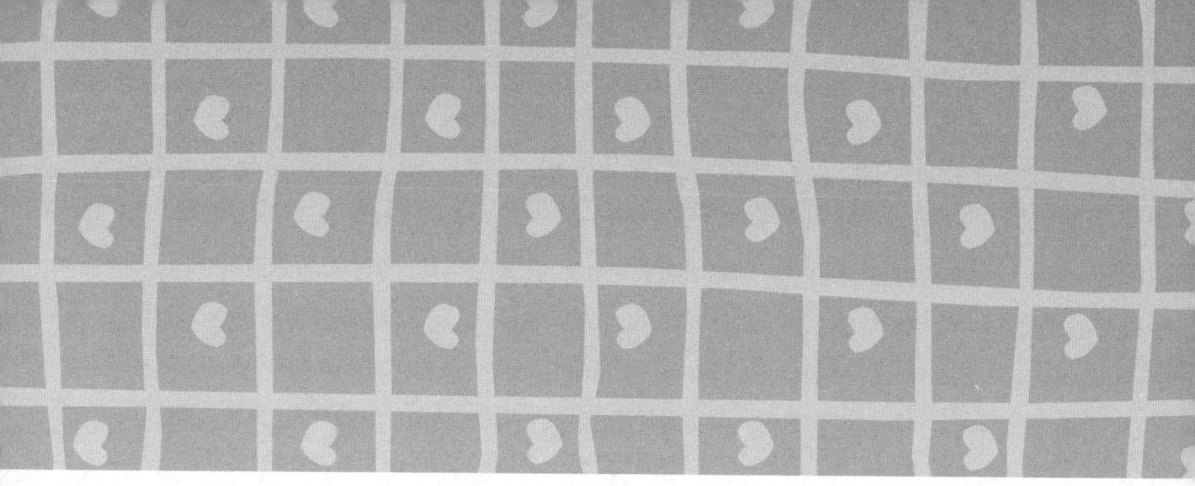

 **第七章** 在困难面前父母帮一把,抗挫折的孩子不迷惑

当孩子考试成绩不理想时 >>>_214

当孩子不被同伴喜欢时 >>>_217

当孩子面对父母离异时 >>>_222

当孩子陷入"早恋"时 >>>_225

当孩子的内心受伤时 >>>_230

当孩子产生社交恐惧时 >>>_233

当孩子受到委屈时 >>>_236

 **第八章** 教孩子在失败中总结经验,抗挫折的孩子会反思

犯错是被允许的,但要在错误中学会成长 >>>_240

只有乐观积极,才不会被挫折打败 >>>_244

不放弃努力,成功就不会抛弃自己 >>>_247

失败后不能忘了继续向前 >>>_249

分清轻重缓急,做事前要先有计划 >>>_253

遭遇挫折,无须怨天尤人 >>>_256

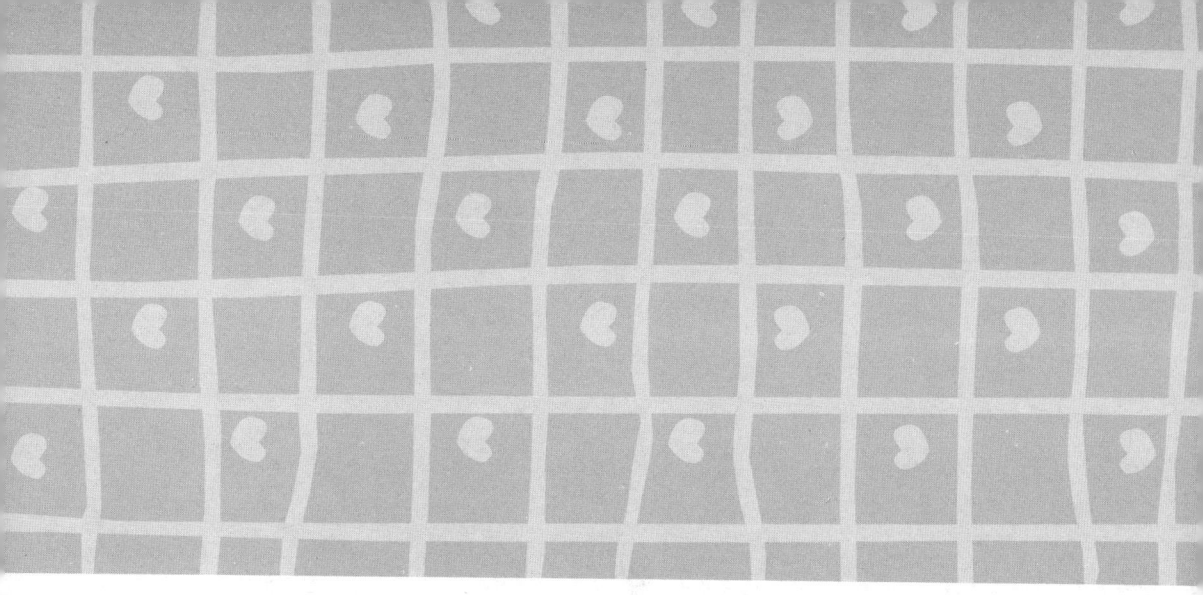

第一章
抛弃溺爱,抗挫折的孩子能吃苦

爱有对错之分,爱对了,可以帮助孩子成长;爱错了,会对孩子成长不利。合格的父母,首先要做到的就是把"慈爱"与"溺爱"区分开来。如果说慈爱是蜜糖,那么溺爱是带糖的毒药;如果说慈爱是智慧之爱,那么溺爱就是愚昧之爱。只有远离溺爱的孩子,才能吃得下苦,才能承受住挫折,真正地成长和成熟起来。

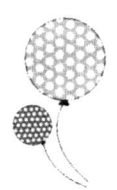

孩子不是"糖",也不是"玻璃"

乐乐今年正式成为一名小学生了。可是乐乐的妈妈发现,大多数孩子都因为从幼儿园升入小学而兴高采烈,可儿子乐乐却显得闷闷不乐的。于是,妈妈问乐乐为什么不开心。乐乐回答说:"幼儿园就在咱们小区里,可是学校离家有两站地,我怕我想家。"说着,乐乐便呜呜地哭了起来。

妈妈刚想和乐乐解释,一旁的奶奶赶紧走了过来,搂着宝贝孙子说:"宝贝,你放心,爷爷奶奶每天都会送你上学下学,而且你上课的时候,我们就在学校门口待着。你如果想家了,就可以在课间的时候,到门口去见见爷爷奶奶,我们会随时给你准备好吃的。"

乐乐妈妈听了,无奈地摇摇头,她表面没好意思说什么,但心里清楚,乐乐之所以如此,和爷爷奶奶对他的娇生惯养有直接的关系。为此,乐乐妈妈决定,以后自己的工作尽量少做一些多管管乐乐,虽然收入会少点,但为了儿子健康地成长是值得的。

像乐乐这样娇生惯养的孩子,并不鲜见,正应了那句"含在嘴里怕化了,捧在手里怕摔了"。造成这一现象的原因,正是家长们把孩子当成了一触即化的"糖"或者一碰即碎的"玻璃"。

这样一来,孩子就只能在家长的百般呵护中长大,他们习惯于把家长当作自己的救兵,一遇到挫折就哭天抹泪,不知如何是好。

但是,父母们要清楚,孩子早晚要离开自己而去独自闯荡,他不可能在父母的保护伞下生活一辈子。所以,在对待孩子方面,父母或者祖父母等,都不应该把他们当成"糖"和"玻璃"而小心翼翼地捧着,明智的做法是,放心大胆地让孩子经受磨炼,这样孩子才会学会坚强,才会独自面对困境。

俗话说得好,自古英才多磨难,从来纨绔少伟男。要知道,大大小小的磨难和挫折是任何人成长过程中必不可少的"养料",孩子很有必要接受这样的"滋养"。

有两个在一座寺庙里的和尚受师父之命,去离寺庙较远的戈壁滩上植树。和尚甲对小树照料得很细心,不辞辛苦地定时定量给小树浇水、施肥;而和尚乙对待小树却大大咧咧,远没有和尚甲那么细心周到,他只是隔三岔五地去给小树浇水、施肥。

好在两棵小树都长得很好,郁郁葱葱,枝繁叶茂。

一天夜里,忽然刮起了大风,整个戈壁滩都被大风席卷了。第二天一早,风停了,再看两人栽的小树,居然有了明显的差别:和尚甲种的小树被大风连根拔起倒在地上,和尚乙栽的小树则依然挺拔地竖立在戈壁滩上,只是被风刮断了几枝小树枝。

这个故事告诉我们,被照顾得细致入微的小树,由于轻易就会得到水分和肥料,就不必费力地扎根到深处,而被照顾得"不够好"的小树,不得不努力把根扎牢、扎稳,去寻找足够的水分和肥料。

将此道理置于孩子们的身上，同样不难理解。现今的孩子们，多是在父母或者祖父母的百般呵护下长大，没有经历风雨的机会，就像那棵被照顾得极好的小树一样，一旦遇到大风就会被毁掉。

所以，要想培养出坚强独立的孩子，父母就得舍得让他们在困境中得到磨炼，就如同和尚乙栽植的小树，把根扎在土壤深处，即使面临风吹雨打也能顽强地生存。

由此看来，要培养孩子成为强者，父母应该依照孩子成长发育的规律，从孩子小时候起，就把坚强教育贯穿于生活的点点滴滴。让孩子自己做力所能及的事情，让孩子觉得自己能行，充满自信。

1. 别把孩子当弱者，相信他能做好很多事

著名教育家卡尔·威特曾说，如果把人生比作瓷器，那么幼儿时期就是黏土。换言之，父母给了孩子怎样的教育，他就会成为怎样的人。如果你总看到孩子弱小的一面，凡事都恨不得自己替他来做，那么孩子就永远不会坚强独立起来。相反，如果你把孩子当作强者来看，放手让他去做一些事，那么你会发现，他居然能够做到，并且能做得很好。

两种教育自然会产生两种截然相反的结果。所以，当孩子摔倒的时候，父母不要急于伸出援助之手；当孩子为不会刷牙而烦躁时，父母不要帮他刷牙，哪怕只是举手之劳；当孩子因为受到一点委屈就哭闹不止，父母不要急于安慰他，等他平静下来，再去安慰并帮助他。

世人皆知的著名科学家居里夫人就是个非常注重培养孩子坚强品格的母亲。在第一次世界大战期间，居里夫人把大女儿带到前线救护伤员。1918年，她又把两个女儿都留在战火不断的巴黎。正是居里夫人把孩子们当成强者来看待，她的孩子们也都在艰苦环境的磨炼下，成长为坚强的人。

2. 父母以身作则，灌注孩子的强者意识

一天，9岁的庆庆在帮妈妈打扫卫生的时候，不小心被钉子刮了一下手指，鲜血顿时就流了出来。妈妈先帮庆庆冲掉伤口上的污垢，又用酒精消毒，并进行了简单的包扎。由于从没受过这么大的疼痛，庆庆一直抽抽噎噎地哭着，好像受了多大的委屈似的。

见此情景，庆庆的妈妈撩起自己的上衣，让儿子看了一下她的肚皮，上面有一道明显的疤痕。庆庆知道这道疤痕是妈妈生他的时候医生给留下来的，他伸出小手轻轻地抚摸了一下那道疤痕，问妈妈："当时这儿很疼吧？"

"有点疼，但是妈妈一点也不怕，而且有一种自豪感。在坚强的人面前，疼痛没有什么了不起。"

听了妈妈的话，庆庆懂事地点点头说："我也会像妈妈一样坚强。我要成为一个坚强的男子汉！"后来庆庆因为阑尾炎动手术，他非常配合，医生和护士都把他评为最坚强最勇敢的孩子。

如果庆庆的妈妈没有及时让儿子感受到坚强的榜样力量，那么庆庆很可能会一直脆弱下去，一遇到小磨难就伤心不已。

所以，在陪伴孩子成长的过程中，父母要以身作则，给孩子树立坚强勇敢的榜样。这样孩子就会平添许多勇气，激起战胜一切困难的愿望。

身为父母，一定要舍得放养孩子，不要把孩子当作"糖"和"玻璃"。高尔基说过："溺爱是误入孩子口中的毒药。如果仅仅为了爱，连老母鸡都能做到这一点。"

所以，父母在爱孩子的过程中应该多一些理智，要智爱不要溺爱。一首流传已久的歌中唱得好：不经历风雨，怎么见彩虹？孩子实际上并没有你想象得那么脆弱，你只需拿开你保护孩子的臂膀，让孩子去做他自己能做的事，那么，他就会拥有一双有力的翅膀，优雅且勇敢地翱翔在美丽的天空。

现在吃点苦,将来才能少吃苦

一位出身贫寒农家的著名生物学教授,在他26岁那年就取得了博士学位,28岁时被破格晋升为教授,时隔两年,便获得了联合国青年科学家奖。

对于如此短时间内,取得漂亮的"三级跳",无不令人惊叹。而这一番成绩的背后,却是深深地来自于教授从小到大从父母那里接受的吃苦耐劳的教育和培养。

由于家境清贫,这位教授直到9岁那年才上小学,在入学前一直帮父母干农活。

或许在一些人看来,他将很多潜能开发的时机都错过了,但这位教授却不这样认为,他说:"学前教育很重要,学前的4年劳动,我起早摸黑在大自然熏陶下成长,空白的仅是文化,因为我年龄大一些,一入学,就很用功。由小学到大学,我都担任班干部,14岁入团,就当团支书,社会工作锻炼了我的组织能力,增强了我的自尊心和自信心。"

正是凭借着这股子自尊心和自信心,他用了仅仅17年的时间,就顺利完成了小学至博士的学业。当有年轻人向他抛出"你是否绝对聪明"的问题时,他只用4个字来回答:"我很刻苦。"在他看来,吃苦耐劳的精神是一个人能否成功的关键所在。

事实上，无数的事例证明，一个人在童年和少年经受过困难、挫折和磨炼，是其日后成才的资本。上面案例中所说的这位令人刮目相看的教授，其父母虽然目不识丁，但他们却在艰辛的生活中培养了孩子做人做事的品格。

其实，任何人的才华和成就都不是与生俱来的。在成功的道路上，除了肯吃苦，是没有任何捷径可走的，在每个成功者的身上都有着不怕吃苦的习惯。正所谓"天道酬勤"，旨在告诫我们，只要勤劳，不怕吃苦，那么，天就会予以奖励的。这种只酬勤不酬惰的法则，亘古不变。

曾连任美国4届总统的富兰克林·罗斯福，之所以能从一个穷困潦倒的小学徒跻身到世界一代伟人的位置，正是靠着吃苦耐劳的精神和勤勉的毅力。对此，富兰克林还说过这样一段话：吃苦和勤劳就是财富。谁能珍惜点滴的时间，就像一颗颗种子不断地从大地母亲那儿汲取营养那样，惜分惜秒，点滴积累，铸造辉煌。

无独有偶，爱因斯坦也说："在天才与勤奋之间，我毫不迟疑地选择勤奋，它几乎是世界上一切成就的催产婆。"事实上，一个不怕吃苦的勤奋的人能够取得的成就必然比其他人要多。因此，父母要注重培养孩子吃苦耐劳的精神和勤奋的习惯。

1. 严格要求孩子

孩子是父母的心头肉，特别是现代家庭多是一个孩子，所以父母疼爱孩子的心情是可以理解的。但这并不表示，可以任由孩子为所欲为，不去严加管教。所谓"打是亲骂是爱"，这句用在打情骂俏中的俗语同样适用于教育孩子。当然，我们所说的"打"和"骂"并非是指棍棒教育，而是建立在爱的基础上对孩子行为的严格的要求和适当的责罚。

美国第40任总统里根小时候踢足球，不小心砸坏了邻居家的玻璃，主人要求他赔偿15美元,这在当时是一个不小的数目,足可以买125只母鸡。

里根回到家后向父亲说了此事,希望父亲替他承担。可是他没想到,一直对他宠爱有加的父亲却要他自己来负责。里根为难地说:"我哪有那么多钱赔人家?"于是父亲拿出15美元,严肃地对儿子说:"这笔钱我可以借给你,但是一年后你必须还给我。"

里根把钱付给邻居后,放弃了平日里热衷的各种游戏,把课余时间都利用起来做自己力所能及的工作。经过半年左右的不懈努力,他终于挣够了15美元,并把它还给了父亲。

父亲高兴地拍着他的肩膀说:"一个能为自己的过失行为负责的人,将来一定会有出息的。"

后来里根总统在回忆自己小时候打碎窗玻璃这件事时说:"正是因为父亲的严格,才练就自己有担当的责任心。"

2. 通过劳动促使孩子勤奋

吃苦和勤奋除了表现在学习方面,更体现在工作和劳动上。当孩子长大成人,走上社会后,他的勤奋就直接表现在工作中。因此,父母要有从小就通过劳动来培养孩子吃苦耐劳和勤奋工作的好习惯。

首先,父母要树立榜样。例如,工作上,父母认真投入,废寝忘食;或者在非常恶劣的环境中,长时间地从事体力劳动,等等。在父母咬紧牙关,认真地去做这些事的时候,孩子就会潜移默化地学习到这种不怕苦、不怕累的精神。

其次,父母可以专门为孩子设立一些劳动付费项目。比如,洗碗5毛钱,收拾房间1元钱等。让孩子既感受到劳动带来的成就感,又养成了辛勤劳动的好习惯。这样做的目的就是让孩子懂得,只有努力干活才可以有收获,懒惰的人是什么也得不到的。这样,等孩子长大后,他就能够勤奋地工作了。

只有能吃苦,才能有出息。如果你不想让孩子成为一个困境面前的逃兵,更不想让他成为一个什么都不乐意做的懒虫，那么就培养孩子吃苦耐劳的精神吧！这样的孩子长大后才能无惧困难和挫折，才能在未来的人生道路上多一些智慧，少吃些苦头。

对待孩子"狠一点"

珍妮是个11岁的小女孩，家在美国新泽西州，爸爸是律师，妈妈是一名医生。珍妮家属于高收入阶层，但是她的父母却一向对珍妮小气。

前些天，珍妮过生日，按说像他们这样的家庭应该给女儿送一份精美的生日礼物。可是珍妮的父母并没有这样做，他们送给女儿的礼物居然是半辆自行车——他们只给了珍妮一半买车的钱，告诉她，其余的钱要靠她自己来挣。

珍妮并没有因为父母的小气而有丝毫懊恼，而是积极地想起挣钱的办法来。当她在院子里转悠的时候，一抬头看到了邻居家需要修建的草坪，瞬间珍妮有了主意。

接下来的几天里，珍妮把周围的邻居家门敲了个遍，问他们需不需要修剪草坪。

邻居们见这么一个小姑娘主动要求帮自己修剪草坪，善意的邻居们谁也没有拒绝珍妮的要求。

就这样，珍妮承包了周围邻居们修剪草坪的任务，一次两美元。珍妮虽然年龄不大，但把草坪修剪得一点也不逊于大人，很快她就得到了邻居们的一致认可。

通过1个多月的努力，珍妮靠自己的劳动，终于凑齐了另外半辆自行车的费用。

当骑上新的自行车后，珍妮又开始去较远一点的地方为邻居修剪草坪了。因为她发现，自己可以通过劳动赚取更多的零花钱，从而购买一些自己喜欢的东西。

在大多数父母看来，珍妮的父母着实有点"残酷"：自己的宝贝女儿过生日，居然送"半辆自行车"，而且还让10多岁的孩子自己辛辛苦苦去赚钱！

或许，这就是东西方家庭教育的不同。在许多西方父母眼里，即使再富裕，也要苦孩子，父母财产的多少和孩子是没什么关系的。父母是有钱人，不代表孩子是有钱人，孩子要用钱，同样需要通过劳动来获得。而到了18岁时，就需要出门独自寻求生存之路。

"孩子应当比大人少穿一件衣服"，这是常挂在澳洲居民嘴边的一句话。即使在寒冷的冬季，绝大多数澳洲父母都不会给孩子穿羽绒服或者棉衣，至多是给孩子穿一件绒衣御寒。

而在有些中国父母看来，这简直是不可思议的做法。他们便不惜花费大笔金钱，送孩子进最好的学校读书，让他们接受最"贵"的教育，但与此同时却忽略了孩子健全人格的塑造。

从这一点来看，的确应该向国外父母们学习，不要无限制地给孩子物质财富，那样只会让孩子从小成为物质的奴隶，成为依赖家长的寄生虫。

因此，只有对孩子"狠一点"，才能培养出有担当精神、适应激烈竞争的孩子，也只有这样的孩子，才能凭借自己的能力闯出一番天地。

那么，父母该怎么做呢？

1. 生活应注重节俭

老祖宗告诉我们："由俭入奢易，由奢入俭难。"，一个孩子如果从小就养成了大手大脚花钱的习惯，那么他是无法适应贫穷的生活的。

所以，即使家庭条件优越，为了更好地培养孩子，父母也应该在家庭生活中勤俭节约，并且要时常灌输给孩子这样的事实：爸爸妈妈挣钱不容易，一定要节省着花。

这样，就会逐渐培养起孩子的节俭意识；让他学会感恩，学会节约，从而更加珍惜自己的幸福生活。

2. "穷"养不是没有投入

很多父母一听到"穷养"二字，便会认为是不需要给孩子花钱，让他们过穷苦的生活。这样的理解是片面的，我们所说的"穷养"并不是说让孩子吃不饱、穿不暖，更不是没有投入，而是指父母要把给孩子花的钱控制在合理的范围内，不要孩子要多少钱就给多少钱，要什么就给买什么。

一位妈妈的做法很值得我们借鉴。

在物质方面，我一直奉行穷养的原则，当然这种穷养并不是我不舍得为孩子花钱，而是帮助和引导孩子只花那些必须要花的钱，不花不该花的钱。

比如，除了必需的教育开支，我没有像一些父母那样盲目地给孩子报各种各样的兴趣班，即使自己不吃不喝也要攒钱给孩子买钢琴、小提琴，等等。我会跟孩子商量，征求他的意见，如果他感兴趣，时间和经济状况又允许，我们就报，否则就坚决不报。

总之，坚持做到把每一笔开支都花在刀刃上。这样一来，不管是孩子，还是做父母的，都不会感到太累。

3. 鼓励孩子通过劳动挣钱

稍微留意一下，我们不难发现，一些孩子手里有大把的零花钱，看到喜欢的东西就买，同学之间还互相攀比谁穿得高档、谁吃得高档，等等。

这样的情况，很容易让孩子挥霍无度。当他的物质欲望一时无法得到满足时，便会对父母心生不满，严重的甚至还会走上犯罪的道路。所以，父母给孩子零花钱一定要把握好分寸，根据孩子的需求情况，制定出具体的数额。可以每个月或者每个星期定时定量地给，如果在期限内孩子花完了就不能再给了。同时，父母还可以鼓励孩子通过自己的劳动挣钱，就像上面故事中珍妮的父母那样，让孩子自己创造赚钱的机会。通过亲自体验，孩子不但会产生劳动光荣的意识，而且也会知道金钱的来之不易。如此，孩子便会懂得节约了。

很多父母知道，高速路上发生交通事故的往往是平坦的路段。之所以如此，就是因为人们对隐性的风险往往更疏于防范。这一点引申到家庭教育方面，同样值得引起注意。不少父母认为，满足孩子买了玩具或者游玩的要求，并不会影响家庭的财务状况，但要知道"由奢入俭"比"由俭入奢"难得多，一旦孩子养成挥霍的习惯，便永无止境。

总之，父母应该对孩子"狠一点"，拒绝他的不合理要求，在精神上锤炼他。只有这样，孩子才会认识到父母挣钱的不易，才会养成勤俭节约的好习惯，长大后也更容易为了获取财富而辛勤地努力。

对孩子的不合理要求坚决说"NO"

对于儿子形形最近的表现,姚女士可是伤透了脑筋。7岁的儿子总是提一些不合理的要求。比如,他已经有好几个"奥特曼"的玩具了,却仍不满足,黏着妈妈说:"妈妈,我想要一套新的'奥特曼'。"

姚女士不想答应,就说:"你不是都有3套了吗,不能再买了。"谁知,形形根本不听妈妈的话,依旧哼哼唧唧地"软磨硬泡":"不吗,妈妈,我就要新的,我就要'奥特曼',你给我买。"

姚女士忙着做家务不理他。看着自己的办法不灵,形形委屈地哭了起来,声音越来越大。而姚女士却回过头哄他,说:"别哭了,别哭了,明天让爸爸给你买还不行吗!"

第二天一早,形形趁爸爸出门前赶紧起床,并提醒爸爸别忘了给他买玩具。爸爸把形形叫到跟前,看着儿子说:"你都有3套这个玩具了,所以我们这次不会给你买。"

爸爸的话刚说完,形形就哭了起来。爸爸继续说:"如果你的要求是合理的,我和妈妈都不会拒绝,可你这个要求根本就不合理。听明白了吗?"看着儿子气嘟嘟地收拾书包去了,姚女士问:"你这么严肃干吗?把孩子都吓着了。"而彤彤的爸爸却说:"有时候咱们就要学会对孩子说'不',不合理的要求就得认真拒绝,让他知道大人确实考虑他的要求了,彻底地拒绝他了。"

不可否认,现代家庭由于多是独生子女,好几个大人围着一个孩子转,从而使得许多孩子被娇生惯养,常对大人提出一些无理要求。有些家长,会为了让孩子高兴,立马满足孩子;也有的父母则会半推半就,不说答应也没说不答应。上述这两种做法,我们都不提倡。因为它只会让这种无理要求一再发生,到时候,父母再后悔自己当初的做法恐怕就晚了。

为此,我们建议,面对孩子的无理要求,父母一定要态度坚决而又明确地告诉孩子自己的态度,让他知道这件事父母不让做。

可是在孩子的某些不合理要求面前,很少有家长会明确地表明立场,认真拒绝孩子。其实,拒绝也是教育方法中很重要的一点。从小就生活在"顺心如意"的家长的溺爱中的孩子往往难以树立起正确的挫折观和价值观,这样的孩子又如何能健康成长和顺利发展呢?

父母要清楚,你的"全盘答应",你的所谓无私的爱,等于给孩子送了一颗"定时炸弹",让他的未来充满了诸多不确定性。不要以为,爱就是无条件地奉献,那是盲目的爱、不理智的爱。让孩子在爱心中学会劳动、学会理解父母与他人,这样他才能走得更稳,走得更远。

1. 原则问题不让步

俗话说"无规矩不成方圆",在教育孩子方面也是同样的道理。父母如果缺乏原则,就无法对孩子进行正确的教育。

当孩子提出不合理的要求时,父母不要出于迁就而妥协退让,也不要像上面故事中的姚女士那样模棱两可,优柔寡断,从而给孩子以可乘之机。正确的做法应该是,斩钉截铁地给予回绝,不留任何余地。

策策是个初二年级的中学生，看到班里一些同学有了手机，就央求爸爸也给他买一部。

对于儿子的这个要求，策策的爸爸一口回绝了。不过，策策并没有就此放弃，软磨硬缠地找妈妈买手机。妈妈同样不答应他，只是严肃地说："你现在没有用手机的必要，而且不要去追赶时髦。"

见找妈妈也行不通，策策难过得蒙头大睡，一个下午也没离开卧室。

晚上，加班回来的爸爸走进儿子的房间，语重心长地说："策策，虽说买个手机也不会影响咱们家的经济状况，但是这个东西并不是必需品。你每天上学下学都有姥爷接送，学校里有什么事，老师会给我们打电话，咱们家里也有座机，你的同学需要联系你，也可以打家里电话。所以爸爸妈妈都不同意给你买手机。"

听了爸爸的话，策策彻底打消了买手机的念头，第二天照常上学去了。

2. 鼓励孩子做家务

很多父母舍不得让孩子伸手做家务，怕累着孩子，也怕耽误孩子学习。其实，这样做很容易让孩子养成衣来伸手饭来张口的坏习惯，也体味不到父母的艰辛，因此，就会向父母提出这样或者那样的要求。

而孩子如果多参加家务劳动，就会理解生活的不容易，意识到过去的无理要求给父母带来了麻烦。这样一来，由溺爱长期养成的不良习惯，自然就会烟消云散。

3. 一旦说"不"，就要坚持下去

拒绝孩子之后，父母不能出尔反尔，即便发现有不妥，可以以后弥补，但不要当场反悔，特别不要因孩子撒娇哭泣就改变决定。

由于父母工作忙，没时间照顾东东，他只得跟着爷爷奶奶在乡下生活。直到7岁时要上学了，父母才把他接到身边。

为了弥补这些年对孩子的亏欠，父母决定好好补偿孩子。于是，他们对于东东百依百顺，有求必应。一年多的时间下来，东东由刚来到父母身边时的"小绵羊"变成了"小霸王"，动辄发脾气、摔东西。

父母知道，儿子这样不好，得制止他。可是，每当东东为了得不到满足而又哭又闹的时候，父母就心软了，便把自己刚刚的拒绝收回，重新满足儿子的要求。

父母的溺爱，使东东逐渐沾染了好逸恶劳、追求享受的恶习，后来成了网吧的常客。此后，东东变本加厉，上网几乎成了他的必修课，后来干脆不去上学了。

因此说来，为了孩子的未来，为了家庭的幸福，父母一定要学会给予孩子正确的爱。对于孩子的不合理要求，一旦说出了"不"字，就要坚持下去。只有这样，才能找出适当的方法，走出溺爱的误区。

事实上，拒绝孩子的实质不是拒绝孩子本身，而是就孩子某些不合理要求提出否定，这可能会引起孩子暂时的不快和难过，不过从长远看来，这有助于孩子形成正确的认知，形成正确全面的自我评价。这样，在孩子将来遭遇挫折与困难的时候，他才能从容自信地积极面对。

让孩子知道，坐享其成是一种耻辱

古时候，有一个农夫靠种地为生，一天他突发奇想："我终日在田里干活，太辛苦了，还是向神灵祈祷一下，让他赐给我足够的财富吧，那样我就可以享受终生，再也不用受这劳作之苦了。"

农夫一边为自己的"创意"喜不自胜，一边喊来自己的弟弟，吩咐他到田里继续耕种，免得让自己的家人饿肚子。

弟弟答应下来后，农夫就独自一人来到天神庙，在天神面前摆满了供品，然后开始不分昼夜地向天神膜拜和祈祷："神啊！请您赐给我财富，让我财源滚滚吧！"

天神听见了祈祷，心里暗想："这个懒惰的家伙，自己不劳动，却妄想不劳而获。假使他前生曾乐善好施，积累了功德，给他些财富也未尝不可。可查看他前世的行为，既没有布施的功德，也没有半点因缘。因此不管他怎样苦苦哀求也是没有用处的，不如用个法子，让他趁早死了这条心。"

天神于是摇身一变，变作他弟弟的模样，也跪在天神面前跟他一起祈祷。农夫看见后，不禁问他："我不是让你去播种吗？你不好好在地里播种，来这里干什么？"

弟弟说："我也想跟哥哥一样，来向天神祈祷财富。如果天神满足了我们的愿望，即使我们不去耕种，天神也会让庄稼在田里自然生长的。"

农夫听了弟弟的话，生气得大骂道："你这个混账！你不去播种，怎么可能得到果实呢？不去田里播种，却妄想等着收获，真是异想天开！"

这时天神现出了原形，对农夫说："正如你自己所说，不播种就得不到果实。你现在不思劳作，却妄想凭空得到财富，那是痴心妄想，是根本不可能的。只有耕种才能有收获，只有肯劳作，才能得到财富。"

这个故事告诉人们，坐享其成是不可能的，只有辛勤劳动才能实现自己的愿望。

但我们发现，当下社会上一些不良风气和一些低俗影视作品充斥着人们的视线，对孩子也造成了一定的负面影响，如通过坑蒙拐骗、买彩票、赌博等手段来实现一夜暴富。一些影视作品中时常会出现一些游手好闲却一掷千金的大款，这让处于成长期中的孩子认为，如果运气好，即使不费劲也可以过上纸醉金迷的逍遥生活。

不仅如此，有些父母由于溺爱孩子，对于孩子的要求全都尽力满足，而且不舍得让孩子做一点家务劳动。殊不知，这会让孩子觉得，自己不挣钱，父母不会让自己没钱花；自己不整理房间，父母会帮着整理……

原本是父母的一片好心，反而让孩子滋生了不劳而获的思想，从而贪图享受、自私自利。长大了，也不会辛勤劳动，甚至还有可能走上犯罪的道路。

相反，只有从小勤奋踏实的孩子，长大后才会通过正当的渠道，努力实现自己的梦想。

我们都熟悉的中国香港实业家霍英东就是个从小吃过不少苦的人。他既当过船上的铆钉工，又当过实验室的制糖工，还做过搬运工。他不是以建筑行业和房地产业起家的商人，但却成为香港房地产业的巨子，靠的就是吃苦耐劳的精神。

所以，要想让你的孩子成为一个负责人、有作为的人，就首先要让他懂得放弃不劳而获的思想，并将不劳而获看作一种耻辱。同时，父母应该多培养孩子劳动的意识，让孩子具备热爱劳动的品质，从而自觉抵制不劳而获的思想。

1. 父母要学会赋予孩子一定的责任

常常会有这样的孩子，他们不会主动做家务，即使父母安排他们一些任务，他们也讨价还价。

有一个13岁的小女孩就这样发牢骚："为什么让我做呢，妈妈和姥姥做得比我好多了？我最喜欢的事情就是每天放学后躺在沙发上看电视，等着吃饭，然后洗澡睡觉。"

不难想象，如此懒散下去，孩子的思维会生锈，也有可能对生活或工作中那些发展自我的良好机遇视而不见。

所以，父母们应在孩子还小的时候就分配给他一些固定的家务，主要目的并不是为了让他干活，而是要让他意识到，做家务是他的一种责任，在很多时候，这种责任感很容易就会转化成他勤快起来的动力。

2. 引导孩子养成"接到任务，马上行动"的思维

在不少家长看来，"懒惰"是"勤快"的最大敌人。但实际上，"勤快"的最大敌人不是懒惰，而是拖拉。相信很多父母都会听到过孩子说这样的话："再等十分钟，十分钟后，我保证去做作业"；"再让我玩一会，待会我肯定去收拾房间。"

殊不知，这样的拖拉逐渐由量变转变为质变后，就成了懒惰。所以，要让孩子勤快起来，父母就要让他们养成"接到任务，马上行动"的思维，而且这种思维最好是从小时候就向他们灌输。

方刚的爸爸是这样做的，我们不妨来学习一下。

每当发现方刚有赖床的意向时，爸爸就会大喊："士兵方刚请听命，马上起床,现在集合!"

如果儿子找借口不收拾自己玩完了的玩具,爸爸就会用军官的口气对他说:"士兵方刚,请马上执行任务!"

实际上,在每个孩子内心深处,都有一种英雄情结,方刚的爸爸正是利用了孩子的这一心理,促使儿子形成了"执行任务是士兵的天职"的意识,进而培养了"接到任务,马上行动"的思维。

3. 逐步给孩子灌输"要花钱,自己挣"的思想意识

在孩子还小的时候,父母就要给他们灌输"要花钱,自己挣"的理念。随着孩子渐渐成长,这种理念就会促使孩子尽快实现经济独立,拥有更多的智慧和胆识。

实际上,在日常生活当中,并不缺少让孩子自己赚取零花钱的机会,而有胆有谋的孩子也并不缺少勇气和力量,他们所缺乏的,仅仅是来自父母的正确引导。

果果生活在一个条件不错的家庭,但他的零花钱却一直很少,因为他的爸爸一直告诉他,想要得到更多的零花钱,必须自己付出劳动,因为现在他什么都干不了,因此零花钱自然很少。

在果果过5岁生日的时候,爸爸突然对他说:"儿子,你想拥有更多零花钱吗?现在有一个好办法。"果果连忙问是什么办法,爸爸告诉他:"我们附近的垃圾箱里有很多饮料瓶,你可以捡来卖掉。"于是,果果开始利用空闲的时间去捡饮料瓶,有时还去邻居家低价收购,然后加少量钱专卖给收购废品的地方,依靠这种方式,果果挣到了一笔小钱,手头也宽裕了不少。

看完果果挣钱的故事,或许父母们会觉得,让一个5岁大的孩子去捡瓶子卖是件很残酷的事,也是件很"跌分儿"的事。实际上,不管做什么,只要付出辛劳,懂得用自己的劳动来换取收获,都是一件值得自豪的事情,对孩子来说，尤其如此。当然，这并不是说，所有父母都要让孩子靠这样的方法挣钱，只要能让孩子得到锻炼，不管是在家刷碗，还是打扫卫生，都不失为一种很好的锻炼方法。

不仅如此，父母对自己的一举一动也要严格要求，切不可整日在孩子面前说这样的话："我买了两张彩票，真希望能中大奖，这样我就不用工作了！"或者说："怎么也不让我捡到一笔巨款！"须知，父母是孩子的一面镜子，父母以自身的行动来教育孩子抵制不劳而获和好逸恶劳的思想，也是家庭教育的重要方法。

总之，要想培养能够承受挫折的孩子，就要让孩子远离不劳而获的恶劣思想，这样孩子才能懂得"一分耕耘，一分收获"的道理。同时，孩子也才会明白，追求美好的生活的动机并没有错，但不要试图坐享其成，因为天上是不会掉馅饼的。

不放纵自私心理，让孩子学会分享

周末，妈妈从菜市场买回来一大袋凝凝爱吃的草莓。凝凝拿到厨房去把草莓洗干净，然后坐在沙发上边看电视边吃草莓，没有让爸爸妈妈吃一点。

由于草莓太多，凝凝一口气没吃完，她就把剩下的草莓放到冰箱里，并对爸爸妈妈说："不要吃我的草莓啊！"

有时候，同住一个小区的表弟飞飞会来找凝凝玩。每当得知飞飞要来，凝凝就会提前将自己最喜欢的一些玩具和绘本书藏起来，表弟来了后，她只给他拿一些自己不喜欢玩的东西出来玩。

有几次，表弟央求她，要看看她书柜里面的漫画书，可央求了半天，凝凝还是不愿意把自己的书拿给表弟看。妈妈批评她说："弟弟总是大方地把自己的东西给你玩，好吃的同你一起吃，你看你，一点当姐姐的样子都没有。"

不仅在家里，而且在学校里，凝凝也是有名的"小气鬼"。同学们带去的零食，她总是上前去要求分享，而她自己带去的东西则不肯拿出来，总是偷偷地一个人吃。渐渐地，同学们都疏远了她，并且总是在背后说她是个小气鬼。有时候凝凝听了也会郁闷一会儿，但是却不会妨碍她改变主意。她心想，我就是小气，怎么了？

对于女儿的行为，爸爸妈妈很是头疼，他们也不知道批评过女儿多少次，但是她就是改正不了。

很多父母都知道，一个乐于和别人分享的孩子，才会与人和睦相处，和周围的人打成一片，并且因此而变得开朗、自信、合群。可是，令人遗憾的是，孩子表现出来的行为却往往是乐于分享的反面——自私。很多父母在说起自己家的孩子时，都会用上这个词。

现代家庭中的很多独生子女，的确自私得很：他的东西，坚决不允许别人碰；他喜欢吃的东西，就连爸爸妈妈也不能尝一口。

父母不明白，为什么孩子会变成如此？其实，孩子之所以自私，很大程度上是由于父母的教育不当造成的。父母首先要认识到，自私是一种心理障碍，很容易导致孩子发展成为一个吝啬、冷酷、残暴的人。但父母也不必因此感到束手无策，更不必杞人忧天，只要积极行动起来，让孩子感受到给予和付出的快乐，他就可以轻松走出自私的怪圈，学会与人分享了。

1. **学会分享孩子的快乐，做孩子的好榜样**

很多时候，孩子是乐于和父母分享自己的快乐的。这时候，父母一定要耐下心来，加入到孩子的快乐之中，而不要因为忙碌或者不耐烦而推辞。

一个秋日的下午，凯凯和小伙伴在小区游乐场打乒乓球。这个时候，爸爸从一旁经过，他急忙拉住爸爸，说："爸爸，和我一起打吧！"不过，爸爸却显得非常着急，只是说了句："你和小朋友玩吧！"然后就走开了。

可是，爸爸没走几步，忽然意识到，儿子难得叫自己一起打乒乓球，干吗拒绝他呢？于是他又拐回去。凯凯看到爸爸回来，之前的沮丧一扫而光，拉着爸爸一起打乒乓球，度过了一个美妙的下午。

这时候，爸爸才明白，孩子的快乐也是需要和父母来分享的。于是，从那之后的周末，他都会和儿子一起玩一会儿，一起收获父子同乐的喜悦。

渐渐地，凯凯的朋友越来越多了，而凯凯在朋友们面前表现得大方得体、礼貌谦让，成了不折不扣的"孩子领袖"！

2. **及时提醒与表扬，让孩子视分享为快乐**

不管孩子说出什么借口，只要体现出他的自私时，父母都应及时提醒他："孩子，你这么做可不好。你看，你的朋友显得多么失落啊！"当然，这种提醒应当在轻松愉快的气氛中进行，而不是板着脸训斥孩子。

如果见到孩子和小伙伴们分享自己的玩具或者零食，父母也要立即赞扬，告诉孩子："你真是个懂得分享的宝宝，做得很好！"这番话，就会让他明白这是好的行为，把分享看成快乐的事。

3. **利用"演戏"来帮助孩子克服自私心态**

孩子的学习大多是从游戏中获得的，家长可在游戏当中与孩子一起扮演不同的角色，识别不同行为的对错，让孩子在游戏中积极主动地克服自私心态，快乐地建立起有效的分享观念。

比如，让孩子扮演一个想玩别人的玩具时，却被拒绝的小客人，体会被拒绝的痛苦；或者让孩子扮演接待小猫的小主人，将自己吃的东西要分给小猫吃，玩的东西要和小猫一起玩，让孩子从分享行为中获取到快乐等。

要知道，懂得分享的孩子，通常都会拥有良好的人际关系，拥有美好的童年。父母以身作则，及时提醒与表扬，让孩子感受到分享的美妙与喜悦，体会分享所带来的成就感，这样他就能告别"自私"，快乐地与人分享，成为人见人爱的好孩子。

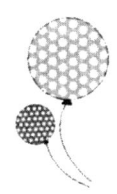

适当给孩子一些遭遇挫折的机会

燕燕是个颇受老师、父母和邻居们夸奖的孩子，这都源于她不但学习成绩很好，而且还很有美术天赋，其作品多次作为对外交流的儿童画出国展览。因此，燕燕经常被老师、父母和邻居夸奖。

然而，掌声和鲜花多了，让燕燕也不禁有些飘飘然。燕燕的父母意识到，在这种环境下，孩子容易形成自傲心理，从而影响一生的发展。毕竟，老师和长辈的无休止夸奖，不就是一种"溺爱"的表现吗？

想明白了这些，燕燕的父母开始刻意设置一些障碍，增加孩子受挫的机会。就像这天，妈妈故意带着燕燕去同事家里玩。因为同事的孩子斌斌，比燕燕更优秀。

初次见面，两个孩子很快就熟络了，玩得很投缘。不过没过多久，燕燕就有些不高兴了。原来，燕燕和斌斌玩智力游戏的时候总是输。尽管斌斌热情邀请燕燕再玩，但燕燕却坚决要求回家。

回到家，见燕燕还是有些郁闷，妈妈就说："燕燕，妈妈知道你为什么不高兴，是不是因为玩游戏总是输？"燕燕没吭声，只是看了妈妈一眼。妈妈拍着她的头说："其实，斌斌是一个非常聪明的孩子。他虽然比你小一岁，但是因为跳级，现在和你同年级了。"

燕燕惊讶道："那他可真厉害啊！"

妈妈微笑着说："对啊，斌斌很优秀的，所以咱们要努力地超过他。你看斌斌，从来不炫耀这些，总是努力地学习。你也是个优秀的孩子，但学无止境，不要骄傲哦！"

燕燕点了点头，大声地说："明白啦！"

其实，每个人的人生旅途上都少不了困难和挫折这两样东西，无非是有的人遇到的多些，有的人遇到的少些罢了。即使正在成长中的孩子，也难免会遇到坎坷和阻碍。对于这些阻碍，我们不应该把它看成前进路途上的牵绊，而应将其视作考验我们智慧，增强我们力量的磨炼。

一个从小到大都顺风顺水，走的都是平坦大道，听的都是顺耳之言，做的都是顺心之事的人，当他遇到困难的时候，就会束手无策，不知如何是好。这样自然会容易失败，甚至因承受不了打击而一蹶不振。

因此，在对待孩子的教育方面，父母不妨通过生活和学习中的点点滴滴来有意识地为孩子设置一些困难和障碍，让他们的心智得到有效的磨炼，以此增强孩子的抗挫折能力。

上面故事中燕燕妈妈的做法是我们提倡的。希望更多的父母都能够有意识地设置一些困难和障碍，这样反而有助于孩子的能力和心态养成。

当然，在设置障碍时，我们必须保证目的的准确性和针对性。因为，设置障碍会产生正反两方面的效应，如果运用得不好，反而会刺伤孩子，抑制孩子的积极心态。以下几个要点，父母必须格外注意。

1. 设置障碍要适度

受挫训练是好，但也不可过于频繁。否则，孩子会以为："原来我自己做什么都成功不了，那么我何苦要努力？"训练的目的，是为了让孩子体会艰辛，改变由溺爱造成的自傲，绝非是让他怀疑自己。体会成功的同时感受挫折，那么我们训练的目的才算完成。

更别忘了，当孩子排除了障碍、战胜了挫折时，父母要给予及时的表扬，强化孩子积极的行为，增强孩子的自信心和战胜困难的勇气。当然，表扬不是"拍马屁"，点到为止即可，否则他会再次染上扬扬得意的毛病。

2. 设置障碍的对象要明确

设置障碍的对象，是那些已经被溺爱彻底"灌醉"的孩子，这一点父母必须明确。这些孩子在生活中总是一帆风顺，所以要给他们增加一些挫折。而对那些受挫较多、性格内向而又脆弱的孩子，就不适宜采用这种方法，否则会让他的情绪更加低落。

3. 多鼓励孩子自己解决问题

设置障碍的目的，就是为了让孩子体会挫折，从而找到解决的方案。所以，父母不要一看到孩子面露委屈，就立刻插手帮助孩子。父母要让孩子自己去体验，然后振作起来；如果孩子情绪反应过度，父母要给予温情的鼓励，让孩子摆脱失望、伤心等不良情绪反应，及时树立信心。

锐锐身体素质很好，因此在学校总是吹嘘自己是个体育健将。也不怪他吹牛，谁让他拿到了百米冠军呢？老师的嘉奖，同学的羡慕，锐锐早已认定自己是"刘翔的接班人"。

看到锐锐的扬扬得意，爸爸意识到出了问题。于是，他带着锐锐去爬一座比较陡峭的山。山路高低不平，锐锐也感到了一丝难走。不过，爸爸并没有说什么，而是鼓励他继续前行。看到锐锐踩到小坑里摔倒在地，他也没有马上搀扶，而是鼓励道："摔倒了，勇敢的孩子要自己站起来哦！"

一趟下来，锐锐已经气喘吁吁。他这才明白，原来自己的身体根本没有想象的强壮。从这天起，他再也没把过去的成绩挂在嘴上了。

只有经历过风雨历练的石头，才有变成宝石的机会。所以，日常生活中，父母们要避免帮助孩子创造一个"万事如意"的成长环境，让他们养尊处优。正确的做法是，时常给孩子"创造"一些困难和障碍，让他们去经历一些挫折，战胜一些挫折。要知道，这会是孩子成长和独立过程中最珍贵的财富，也会是他成才成功最需要的养分。

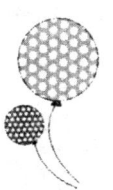

鼓励孩子多参加体育锻炼

朵朵是个早产儿，刚出生的时候只有4斤1两。母亲因身体原因不允许哺乳，朵朵从小便体弱多病，为此爸爸妈妈只得三天两头带着她往医院跑。也正因为这样，朵朵经受了很多同龄孩子没经受过的频繁的打针、输液之苦。

爸爸妈妈心疼极了，他们暗下决心，要通过体育锻炼来增强朵朵的体质。

于是，爸爸妈妈只要有时间，就会每天带着朵朵进行几十分钟的"体育锻炼"，比如，让朵朵在地板上爬行，和朵朵进行爬行比赛，或者到小区花园里，让朵朵吹一会儿冷风，等等。

转眼，朵朵到了上幼儿园的年纪，很多小朋友的父母都带着自己的孩子报特长班，学这学那的，让孩子忙得不亦乐乎。朵朵的爸爸妈妈却仍带着她进行体育锻炼，让她感受运动的快乐。在朵朵爸妈看来，让孩子锻炼身体比学习舞蹈、音乐更重要，因为"身体是革命的本钱"。

朵朵上小学后，爸爸妈妈仍然不改初衷，这样一来朵朵用在学习上的时间难免会减少。

"妈妈，我总是锻炼身体，学习的时间都少了很多呢。"朵朵抱怨道。

"朵朵，虽然耽误了时间，但是锻炼了你的身体啊。你看你，小时候病病快快的，现在却不怎么生病，这都多亏了不间断的锻炼呢。再说，你的学习不是也没有受到影响吗？"妈妈微笑着回答道。

朵朵若有所思地点点头："那倒是，这次期中考试又拿了第一呢。"说着就兴奋地跳了起来。

"这不就对了，其实道理很简单。你经常参加体育锻炼，精力自然就会比别的同学旺盛，这样上课就能专心听讲，作业也能很快地完成了。即使遇到困难，相信你也能克服。妈妈说得对不对呀？"

朵朵没有回答，只是拉着妈妈的手蹦蹦跳跳地走向了每天运动的小区花园里。

强健的体魄是孩子健康成长和顺利发展的基础。因此，父母除了要关心孩子有足够的营养外，更要让孩子进行一些适当的体育锻炼。

当然，这种锻炼是需要一个持续不断的过程。就像上述故事中朵朵，她的父母几年如一日，坚持带她锻炼，这样才能真正拥有一个良好的身体素质，使孩子在各方面不断取得进步。

　　同时，需要提醒父母们的是，孩子们对于锻炼的意义并不十分清楚，往往只看到了锻炼时的大汗淋漓和疲惫不堪。所以，父母应该及时让孩子了解锻炼的意义。只有这样，孩子才能自觉加入锻炼的行动中，体会锻炼带来的乐趣和收获。对于那些懒于运动的孩子，父母因该及时说服教育，而不是对孩子进行批评斥责，例如："还不知道锻炼身体，都胖成什么样子了！"像这种说法就严重损害了孩子的自尊心、自信心，同时还打击了孩子锻炼的热情：反正我都那么胖了，再运动也没意义了。

　　因此，父母要掌握一定的技巧和方法，培养孩子对于体育锻炼的兴趣，增强孩子的体质，使处于弱势地位的孩子们增强自我保护的能力。

1. 培养兴趣，让孩子爱上锻炼身体

　　我们常说兴趣是最好的老师，体育锻炼也一样。父母可以根据孩子的年龄特点，时常给孩子介绍一些坚持体育锻炼的小故事，以此来激发孩子"跃跃欲试"的热情。

2. 适当引导，让运动成为孩子生活的一部分

　　在一个人的幼年和童年时代，即 3~12 岁，是形成良好习惯的关键期，这一阶段，人的可塑性很大，最容易接受成人的引导和训练，同时在生理上也处于生长发育和素质发展的敏感期。

　　基于这两点因素，可以得出这样的结论：人在这个年龄段内正是养成自觉锻炼身体习惯的好机会；如果错过了，随着人的年龄的增长，由于受旧习惯的干扰，新习惯就难以形成。因此，家长应该抓准时机，让孩子养成爱好锻炼的生活方式。

3. 提供用具，增加孩子活动的趣味性

　　孩子是很渴望新鲜感的，如果总是一成不变，那么他们即使一开始有兴趣，也会很容易变得乏味。

　　因此，这就需要父母尽可能地多为孩子配置一些运动的用具，比如球类、

橡皮筋、沙包、跳绳等等；为了方便孩子运动，父母还要为他们准备好运动服和运动鞋。这样，孩子不仅增加活动的积极性，也会在运动中方便、自如，并且更具安全性。

通过多参加运动，孩子无论是身体本身，还是精神层面都将有良好的状态，孩子会以健康、乐观、自信的状态来面对自己的学习和生活，拥有美好的人生也就不只是父母编织的梦了。

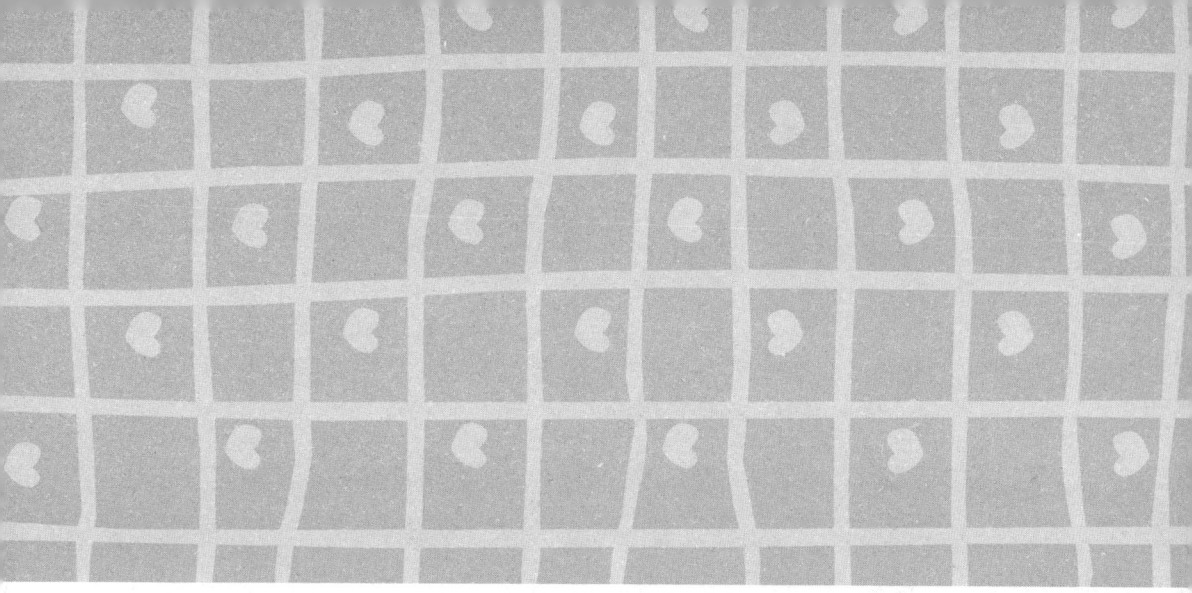

第二章
不做"老妈子",抗挫折的孩子不依赖

独立生活,是一个人生存和发展的最基本能力,这种能力并非天生的,而是需要从小加以培养形成。作为父母,要想培养孩子的抗挫折能力,就得先努力培养孩子独立生活的能力,让孩子放弃依赖父母的思想,这样才能更好地适应社会。换言之,父母应该舍弃那种过分的爱子之情,给他创造一些机会,放手让他尝试生活。

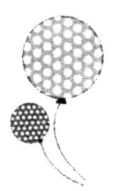

放弃"拐杖"角色,孩子的事让他自己做

3岁的囡囡总想自己做一些事。这不,她又拿着杯子颤颤悠悠地走到饮水机前接水。结果由于没端稳水杯,让半杯水都洒在了地板上。妈妈见状,赶忙把囡囡拉开,边擦地板边心疼地说:"宝贝,你现在还小,不要自己接水,要是渴了就告诉妈妈或者奶奶,我们给你接去。如果换成热开水,那还得了呀!"囡囡只好点点头。

每次吃饭的时候,囡囡总想自己来。可是,奶奶怕她弄脏衣服,就坚决不让她动手,而是一口一口地喂给孙女吃。

吃完饭后,见妈妈收拾餐桌,囡囡想要帮忙,可手刚放到盘子边缘,妈妈就制止道:"快放下,小心打碎了,等你长大以后再帮忙,快去客厅里玩吧!"

像囡囡的妈妈和奶奶这样的家长,在我们的生活中比比皆是。这样一些场景常常映入我们的视线:孩子鞋带开了,蹲下来系鞋带的是家长;孩子上学,书包在家长的肩上;带孩子去居住小区的游乐场玩耍,大人给拿着并不太大的玩具……

类似这样的做法，无疑是父母在不知不觉中剥夺了孩子独立成长的机会，更糟糕的是，家长这种"不放手"的行为还有可能使孩子产生自己无能、愚蠢的观念，导致孩子自信心不足，这对孩子是一种无形的伤害。

我们不禁要问：父母手中的那根绳子什么时候才能放开呢？父母心中的"拐杖"角色什么时候才能转变呢？看看周围，由于多数孩子都是独生子女，父母对孩子总是事事包办，备加呵护，平时很少给他们独立做事的机会，致使许多孩子的生活自理能力差，依赖性强，意志薄弱。而一个缺乏独立性的儿童是无法适应现代化社会需要的。

有这样一位妈妈，每天背着10岁的儿子上下学，直到离学校几十米远的地方，由于担心老师看见，才不情愿地把孩子放下来……如此被家长呵护的孩子，长大后又能有什么独立自主的能力呢？

然而，现实中像这位妈妈一样过分溺爱孩子的家长并不少见。殊不知，这从无形中剥夺了孩子独立成长的机会，在孩子的心目中逐渐产生一种对父母或权威的依赖心理，以致成年以后不能自主、缺乏自信心，总是依靠他人来作决定，不能负担起选择和接纳各项任务、工作的责任，从而形成依赖型人格。

所以说，作为父母，要想让孩子成才、成功，就要根据孩子自身的特点和能力，扩大孩子自由活动的空间，而不是事事包办，越俎代庖。

苏联著名教育家马卡连柯曾说过这样一句话："最可怕的是用父母的幸福来栽培孩子的幸福。"但是看看上面这些父母，他们的悲哀恰恰是：自己的幸福换来的不是孩子的幸福，反而是给孩子的健康成长埋下隐患。为此，我们希望家长们能认识到"拐杖"的危害，早日将自己解放出来，还给孩子属于他自由成长的那片天空。

1. 相信孩子，认为他可以做好

实际上，来自父母的信任比对孩子的责罚更能激起孩子的责任心，而且还可以增强孩子的自尊心和自信心。所以，如果孩子失败了，父母不妨帮助孩子分析一下原因，可以指导他们，但不能包办代替。

2. 有所保留，对孩子藏起一半爱

没有不爱孩子的父母，但是，爱怜不能缺乏理智，不能爱得太盲目。身为父母，即使为孩子做得再多，也不能替代他一辈子。只有早日放手，让孩子学会自己照顾自己，让孩子学会自己走路，才是最明智的选择。比如，如果孩子要求切菜，那么父母不必担心他会割破手指，只需在一旁指导他，让他练习就可以了；如果孩子房间乱了，父母不要伸手过来帮忙，而是应该让孩子自己布置房间。总之，只有父母有所保留，对孩子藏起一半的爱，才能培养孩子的独立能力，这才是真正地爱孩子！

3. 主动培养孩子"自己想办法"的习惯

孩子由于受到大人的照顾，有时候难免会有一定的依赖心理。对此，父母不要一贯地纵容，而应努力培养孩子"自己想办法"的习惯。比如，孩子不知道积木怎么搭会和图片上的图案一样，父母可以引导他，图案总共用了几块长方形的积木，几块半圆形的积木，等等。这样，孩子通过独立操作，会逐渐养成凡事自己想办法的好习惯，判断能力也会随之增强。

毫无疑问，如今的孩子长大后面对的将是快速变化的社会、迅猛发展的科技，这些无不包含着激烈的竞争。这就要求孩子们需要具备独立思考、判断、解决问题的能力，否则将难以生存和发展。

所以，作为陪伴孩子成长的父母，从现在开始，就要想办法创造这样的机会，尽量放开自己的手，鼓励孩子自己去玩、去思考、去探索，条件允许的话，还可以考虑让孩子独自参加户外活动。总之，为了孩子的未来，每个父母首先应该做的是让孩子从小养成独立生活的习惯，这也是一个孩子真正成长为大人所具备的基本素质。

家务活儿里练就生活自理能力

犟犟是个12岁的少女了,刚刚步入青春期的她,变得越来越爱美,最直接的表现就是她换衣服的频率越来越高。由于每次换下来的衣服都要妈妈来洗,这无形中增加了妈妈的负担。

于是,犟犟的妈妈决定和女儿谈谈,妈妈说:"犟犟,妈妈每天上班,下班后还要做家务,很忙,也很辛苦,你现在已经是12岁的大孩子了,可以做一些事情了。妈妈希望以后你的衣服都由你自己来洗。如果你忘记的话,就只好穿脏衣服了。"听妈妈这么说,犟犟一点没有不乐意,而是很痛快地点了点头。

很快,一周过去了,妈妈发现洗衣机里塞满了犟犟的脏衣服,她很生气,于是很严厉地批评了犟犟,犟犟答应妈妈下次不会忘了。

又是一周过去,妈妈发现,脏衣服更多了,洗衣机里都已经放不下,犟犟直接把它们堆在自己的卧室里,衣柜里、地上到处都是。最严重的是,犟犟已经没有几件干净衣服可以换了。

这时候,妈妈没有立刻批评犟犟,而是想了个办法:冷处理。她决定用对此置之不理的方法来好好教育教育女儿。但是鏧鏧有她的应对办法：她从脏衣服堆里捡出稍微干净的衣服继续穿，就是怎么也不肯自己动手把它们洗干净。

不过，一段时间过去后，鏧鏧已经无法拣出哪怕一件稍微干净点的衣服穿了，而妈妈的态度丝毫没有改变。此时，鏧鏧没办法，只好把衣服一件件洗干净了，此后，鏧鏧的衣服都是由她自己来洗，而且她发现洗衣服并没有她想象的那么难。鏧鏧甚至还渐渐开始帮妈妈做其他的家务了。

鏧鏧妈妈用"冷处理"的方法，促成了女儿自己动手洗衣服及做家务的行为。如果不是妈妈这样做，恐怕鏧鏧还会过着衣来伸手饭来张口的生活，也就无法形成一定的生活自理能力。

对孩子来说，必须从小养成劳动观念，即使2岁大的孩子，也要逐渐培养他懂得收拾自己的玩具、衣服之类的习惯。而一个十几岁的孩子应当成为有能力独立做大部分家务活的帮手，如负责决定家庭菜单和烹调、收拾与打扫房间及庭院，等等。如果父母过分地宽容、宠爱孩子，会把孩子变成懒惰性、依赖性的人，危害极大。

让孩子参与一定的家务劳动则会有很多好处。在此我们列举其中主要几点：

1. 做家务可有助于孩子养成勤俭的美德

通过家务劳动，孩子会懂得珍惜自己的劳动果实，并且能够使他们懂得每天吃的粮食、住的房屋、穿的衣服、学习用的文具等，都是爸爸妈妈辛勤劳动的成果。这样孩子就不容易铺张浪费，从而养成勤俭的美德。

2. 做家务有助于孩子增强义务感和主人翁精神

在家务劳动中，孩子能学会战胜困难的方法，同时也能增强克服困难的毅力，而且还能逐步认识到，自己是家庭中的一个重要成员，自己有责任、有义务为父母、为家庭做一些事。如此一来，孩子长大步入社会之后，也会更有可能成为有责任的社会的主人。

3. 做家务有助于孩子锻炼身体

"劳动发展肌肉",这句出自我国著名教育家陈鹤琴之口的话,的确很有道理。处于成长发育快速时期的孩子,由于精力旺盛,能量过剩。这时候如果父母能引导他们把能量消耗在劳动中,适当安排一些家务劳动,那么,孩子的筋骨就会得到伸展和锻炼,精力得到消耗,孩子就会因此而感到轻松愉快。

既然做家务的好处如此之多,那么该怎样培养孩子做家务的好习惯呢?

1. 根据孩子的年龄选派家务活

一般来讲,孩子做家务的能力和年龄是成正比的,这就要求父母在给孩子选派家务活的时候,首先要考虑到孩子的年龄以及相对应的能力。比如,3岁大的孩子可以用百洁布擦拭茶几上的灰尘,也可以用鸡毛掸子清扫椅子之类的大型坚硬物体。到了4岁,孩子可以承担浇花、收拾自己小衣服的责任了。再大一点的时候,孩子就可以管理自己的用品了,比如收好自己的玩具,整理床铺,等等。到了八九岁以上,就可以学着做菜、洗衣服,等等。总之,孩子是分阶段学会责任感的。所以,父母要掌握好这一点:随着孩子年龄的逐渐增长,交给他们的任务也要越来越重要。

2. 既要让孩子有新鲜感,又要保持持久度

总是做同样的事,孩子难免会感到乏味,做家务的积极性就会随之降低。所以,这需要父母们给孩子安排家务的时候,要把握新鲜感和持久度之间的平衡。

比如,一个4岁大的孩子一会儿是"厨师助理",帮忙洗各种瓜果蔬菜,一会儿又是卫生"保洁员",可以帮爸爸妈妈扫扫地板。除了要孩子体会到乐趣之外,更要让他们能够长期地承担某些工作。比如,让孩子照顾几盆花,每天给花浇水,这种定期的浇水和看护有助于孩子形成持久的习惯,从而养成持之以恒的能力。

3. 对孩子的所作所为不要吹毛求疵

孩子毕竟还小,操作能力没有大人那么强,有时候难免会出错。因此,父

母需要学会接受孩子做事过程中不完美的地方,并想办法帮助孩子解决问题。比如,如果发现孩子忘记给花浇水,父母可以提醒一下:"你给花儿浇水了吗?"或者父母偷偷地给花浇一次水。

其实,孩子在做家务的同时,也是正确的劳动态度得以培养的过程。让孩子热爱劳动不能单靠理论说教,而更多的则应是通过孩子自身对劳动的体验而产生的。

对孩子来说,劳动实践是学习知识、了解和认识社会的重要途径。日常的家务劳动是他们难得的学习机会。如果在孩子的记忆里除了书本知识,而缺乏运用这些知识指导实践的体会,那么将很难激发孩子的求知欲望和学习热情。

通过做家务劳动,孩子还会认识到:只有通过自己的劳动,才能享受充实的人生,才能体验美好的生活,才能感受到自我创造所带来的愉悦。

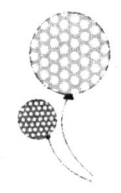

从小培养孩子理财意识

作为美国的大实业家、慈善家和美孚石油公司创办人,约翰·洛克菲勒够成为一个大富翁,离不开从小来自于父亲的影响。他的父亲是一个有着极强商业意识的人,一直用自己的言行影响着儿子。在洛克菲勒还小的时候,父亲就总是不厌其烦地向他灌输商业意识:"人生只有靠自己,做生意要趁早。"

在小洛克菲勒7岁那年，一次在森林里面玩耍的时候，发现了一个火鸡的鸡窝。于是，他抱走了几只，并把它们悉心照顾起来。渐渐地，小火鸡长大了，等到感恩节的时候，洛克菲勒便将火鸡卖给邻近村子里的农民，并从中赚到了一大笔的镍币和银币。他的这一行为，受到父亲的大力赞扬。

在父亲生意经的影响下，洛克菲勒12岁那年就离开了学校，投身于多彩多姿的商界。转眼4年过去了，洛克菲勒16岁那年在一家公司当小会计时，准确地掌握了商业信息，然后他向老板提出，务必收购一批小麦粉、火腿以及玉米、肉干、食盐等食品。老板觉得他说得有道理，就照做了。但当时周围更多的人对他的举动是不看好的，他们不知道这个少年在玩什么把戏。

然而，就在大家纷纷表示怀疑后的不久，英国发生了饥荒，洛克菲勒所在的公司把囤积的货物向欧洲市场抛售，获得了巨额利润。一时间，年仅16岁的乳臭未干的洛克菲勒名声远播，成为人们茶余饭后纷纷议论的对象。

就是这样，从16岁当簿记员开始的洛克菲勒，靠着从小养成的敏锐的商业意识和极强的逻辑分析智慧以及出奇制胜的经营策略，最终成为垄断全美石油业的石油大王，跃居美国十大富豪之一的地位。

从洛克菲勒的经历中我们可以看出，对孩子进行早期理财教育将直接影响他一生的成就甚至命运。

儿童行为学家经过研究发现，孩子在5~14岁时，是理财能力得到培养的关键时期。但实际上，一些西方国家在孩子的理财能力培养方面早已逐渐提前。美国家庭中，孩子一般在3岁时就能辨认硬币和纸币，6岁的时候父母就会培养他具有"自己的钱"的意识，等孩子长到十二三岁，父母就会要求孩子自己尝试打工赚钱；法国家庭中，一般孩子从3岁左右起，就要接受来自父母的"理财课程"，在这一课程里，父母会向孩子灌输基本的货币概念，等孩子长到10岁左右时，往往就已经有了自己独立的银行账户。其他还有不少发达国家也是积极培养孩子的理财观念，在此就不一一列举了。

由这些国家的父母对孩子的理财教育，我们是不是也该从中得到一些借鉴？那么，就积极培养孩子的理财观念吧！

不要觉得家庭不富裕，就没必要教孩子学会理财；也不要觉得太早让孩子接触钱，会沾染"铜臭"味儿。父母们要知道的是，在商品社会中，理财能力是一个人必备的基本能力之一。孩子慢慢地长大，他们不可避免地要走向社会，要接触金钱。

而一个孩子有着怎样的理财能力，在很大程度上会影响他以后走上社会独立生活以及婚姻家庭的幸福程度。既然如此，父母们还等什么呢？

1. 培养有规律，父母需抓住

对于孩子理财观念和理财能力的培养是一个循序渐进的过程，不可一蹴而就。因此，父母们需要掌握其中的规律，根据孩子的年龄来采取相应的教育方法。

比如，对于3~4岁的孩子，可以教给他认识硬币、纸币，并知道大小；对于5~7岁的孩子，父母应该让他懂得钱的不同来源以及钱可以用于多种目的；到了7~11岁这个阶段，父母要让孩子学习管理自己的钱，可以给孩子建立一个个人账户，并让他认识到储蓄在满足未来需求方面所起到的作用；到了11~14岁时，父母可以引导孩子怎样提高个人理财能力，比如让他知道在哪些情况下才可动用储蓄；到了14~16岁这个阶段，父母可让学习使用一些金融工具和相关服务，比如怎样储蓄和怎样进行预算等。

这样的做法，既能让孩子具备慷慨大方，助人为乐的良好品格，又不会毫无原则地大手大脚地挥霍钱财。同时，孩子还能够学会珍惜金钱，但又不至于斤斤计较。

2. 父母要"抠门"，绝不富孩子

现在绝大多数家庭都是一个孩子，由于受到几个大人的宠溺，孩子往往就是家里的那颗小太阳，无论是富裕的家庭还是贫穷的家庭，都会尽可能让孩子吃最好的，穿最好的，用最好的。在这样的氛围下，孩子怎么能体会到什么是"贫穷"，而在他心里只知道"只要我要，就一定得实现"。

明宇的父母是软件经销商，前些年因为生意好，挣了不少钱。明宇也因此养成了大手大脚花钱的习惯。可是去年，由于生意不好做，明宇的父母将财产损失得精光。可是，就在这种情况下，明宇还像从前那样，向父母要钱还是狮子大开口："爸爸，您给我5000块钱，我要买个新手机。"

爸爸既愁苦又无奈地说："可是你的手机并不差呀，又没坏，干吗非得换新的？"明宇却说："可是毕竟是老产品了，让我在同学们面前没面子啊。"

听儿子这么说，明宇爸爸生气了，强压着怒火说道："明宇，我们家生意上出的状况，这你是知道的，现在还张口要这么多钱买新手机，你难道不替我和你妈妈想想吗？"

明宇却不以为然，继续说道："我知道咱家最近没钱，所以我没说要最新的呀，只要5000块钱还不行呀。再说，即使再穷，5000块钱还是有的吧？反正我是要定了，你必须得给我买！"

像明宇这样的孩子，摊在哪个父母身上都会懊恼。可是，这是明宇的父母自己种下的苦果，又怨得了谁呢？是他们把孩子惯坏了，以至于在危难时刻还得受儿子的"勒索"。所以，父母们不管家庭条件如何，都不要娇惯孩子，否则只会让他们养成像明宇这样自私自利、盲目攀比的性格。

如果一个孩子不懂对金钱的使用，必然会缺乏正确的消费观念和创造财富的能力。因此，要想让你的孩子像洛克菲勒那样，而不是像明宇这样，那么就对他进行理财教育吧。这样，他就会树立正确的金钱意识和经济意识，懂得用劳动去获取金钱，懂得合理地使用金钱。由此看来，理财能力不仅仅是一种工具和手段，而是让孩子能够成为积极能干的、健全的新时代人才的基础。

让孩子远离"蛋壳"心理

澄澄是个"421"家庭中的"1",作为6个大人中间的独苗苗,澄澄简直像宝贝一般受到宠爱,爷爷奶奶、姥姥姥爷、爸爸妈妈从来不让她受一点委屈。上学后,澄澄也很争气,整个小学阶段,每次期末考试都会捧回奖状,亲戚朋友无不羡慕澄澄父母有个好女儿,同班的同学无形中也愿意围在澄澄周围。

在耀眼的光环下长大的澄澄,小学毕业后又很顺利地考入了一所理想的重点中学。

可是,从这时候开始,澄澄感受到了与以往截然不同的变化。因为新的班级里,同学们个个都顶呱呱,这让澄澄原来的优越感一下子全没有了。课堂上,澄澄回答不出来的问题,总有其他同学好像不假思索就能说出答案;老师也不像小学一样,目光在澄澄身上停留的时间少多了;开学的第一个月要选举班干部,澄澄落选了;英语课上,老师让大家听写单词,澄澄只写对了一半……

和几年小学时光相比,澄澄感觉自己如同掉进了地狱。这一系列的打击,让原本乐观的澄澄突然感到了茫然,每天都郁郁寡欢。期中考试,她的数学成绩居然更是倒数第三!她觉得,自己没有脸面见父母了,于是在放学路过河边时，纵身跳了下去……

看完这个故事，着实令人愕然。显然，故事中的澄澄是非常脆弱的，当遭受一点失败，就开始气馁，全然否定自己，以至于置最宝贵的生命于不顾。对于类似澄澄这样的情况，人们形象地将其称为"蛋壳心理"。

顾名思义，蛋壳心理，就是指像鸡蛋一样一触即破，脆弱是它的本质。纵观目前的孩子，像澄澄这种有着蛋壳心理的情况并不少见。那么，为什么孩子会如此脆弱呢？

答案可以用一句话来简要概括，那就是：家庭教育不当。

或许很多父母秉持这样的心理，自己以及自己的父辈当年吃了太多的苦，受了太多的累，到自己孩子这时候，条件优越了，就尽可能地让孩子多享受，少经历甚至不要经历任何的苦难。

为此，父母们开始千方百计地尽自己所能，给孩子无微不至的照顾，对孩子百依百顺，舍不得批评和管教。殊不知，正是这种过分娇纵和百般溺爱，导致了孩子心理如此不堪一击。

所以，想要避免孩子的"蛋壳心理"，父母们就必须杜绝溺爱，并从以下几个方式入手锻炼孩子，让孩子的内心强大起来。

1. 鼓励孩子，在挫折面前要充满信心

当孩子遭遇挫折和失败时，父母最好保持乐观的微笑，并说一些鼓励的话，以此来增强孩子面对挫折的勇气。父母的行为会让孩子认识到，遭遇挫折和失败没什么可怕的，这次失败了，下次再努力就是了，只要不被挫折打败，就一定能取得最后的胜利。

2. 为孩子塑造一个乐观向上的家庭氛围

在积极乐观的环境中长大的孩子，在困难和挫折面前才更容易挺直腰杆，坚韧不拔。所以，要想让孩子具有乐观的心态，父母首先要给他塑造一个和谐、幸福的家庭氛围，这种氛围来源于父母的乐观、自信、豁达，父母的这种态度将深深影响和熏陶你的孩子。

比如，某天早上你出门上班时，碰巧下起雨来。这时候，千万不要说："真倒霉，偏偏要出门的时候就下雨！"因为这样说，并不能改变下雨这个事实，却会让孩子感受到你的糟糕情绪。如果换一种说法，比如你说："呀，太好了，下雨了！绿树和小草都会长得更快一些了。"这样的话语不但会给自己带来一个好心情，同时也会将快乐传递给孩子。长此以往，父母的这种良好心态就会让孩子受到影响，使他无论面对何种环境，都能够保持一种乐观的心态。

3. 为孩子树立敢于克服困难的榜样

我们都知道，榜样的力量是无穷的，对于孩子来讲就更为重要。因此，父母就应在孩子面前表现出不怕困难、敢于克服困难的形象。在日常生活中，父母还可以向孩子讲述一些名人在挫折中成长的故事，让他进一步感受榜样的力量。

必须承认，对任何人来说，挫折和失败都是不可避免的，孩子同样如此。而"蛋壳心理"会让孩子没有勇气去迎接挑战，因为他们的内心里总是充满着对失败的恐惧。这样的孩子，即使将来进入社会，也会被现实"折磨"得遍体鳞伤。

想必没有一个父母会希望看到自己的孩子如此狼狈的样子，那么从现在开始，就行动起来吧，多给孩子一些引导，及早培养孩子乐观面对失败的能力，那么，你的孩子自然不会染上所谓的"蛋壳心理"了。

培养独立思考能力,让孩子自己解决问题

卓娅和舒拉是好姐妹。卓娅虽然是一个好学的学生,但她的数学和物理学起来比较吃力。这两门功课,卓娅经常要做到深夜,可是她始终不让舒拉帮助她。有很多次都是舒拉早已准备第二天的功课了,可是卓娅仍然在做当天的功课。

"你做什么呢?"舒拉问。

"代数。算不出这道题。"

"算了,让我来给你算。"舒拉说。

"不用,我自己再想想怎么做吧。"

时间一点点地流逝,转眼间一小时就过去了。舒拉说:"我去睡觉了。答案就在这里,你看看吧。"

卓娅连头也不抬,又做了很长时间。困了,她就用冷水洗脸,洗完后仍然坐在桌旁算题。

第二天,她的数学作业得了优。可是,只有舒拉知道这个"优"的代价多么大。这个代价就是"独立思考"。

由于受现代教育观念的影响，现在很多父母开始注重对孩子独立性的培养。可是独立性又是个题目颇大的话题，许多家长感到无从着手。其实，要想培养孩子的独立性，父母首先要做的就是培养孩子独立思考的能力。

对于正处在学习和身心成长发育过程中的孩子们来讲，独立思考是一种非常好的习惯。但遗憾的是，我们看到的多数现实情况则是：很多孩子在生活上或者学习中有了困难，就向父母伸手要答案。如果父母对孩子有问必答，时间长了，孩子会养成依赖的习惯，遇到问题时不会独立思考，这对孩子的成长没有一点好处。

实际上，孩子只有从小学会独立思考，才会更具有创造力，长大后也能够更好地掌握自己的命运。而作为父母，最重要就是培养孩子的独立能力，让他懂得如何去思考，改变自己的人生轨迹，并为自己的人生绘出美好的蓝图。

关于勤于思考这一点，现代原子物理学的奠基人卢瑟福十分推崇，有一个这样的小故事可以证明这点：一天深夜，卢瑟福偶然发现一名学生还在实验室埋头工作，便好奇地走上前去问他："今天上午你在做什么？"学生答道："在做实验。""那么下午呢？"学生说："做实验。"听学生这样回答，卢瑟福不禁皱起了眉头，然后继续问他道："你晚上在做什么呢？""也在做实验。"学生说完奇怪地看着老师，不知他想说什么。

令这位学生没想到的是，卢瑟福大为恼火，严厉斥责他说："你一天到晚都在做实验，那你想没想过，什么时候用来思考？"

在这个故事中，看似是一个勤奋的学生遭到斥责，委屈无比，但实际上恨铁不成钢的老师说出了他迟迟无法成功的症结。

由此看来，要培养优秀的孩子，在他们正在成长的时期，就要让他们知道学会思考比获得知识更重要，这会为他们以后的成功奠定良好的基础。

1. 给孩子表达自己看法的机会

孩子对于事物会有自己的见解，虽然他说的并不完全正确，作为父母，也要让他说完，并给予恰当的指导，让孩子自信地说下去。如果孩子发表了正确的意见，父母要及时肯定和表扬，这样孩子就会增强发表意见的信心，只有这样他才能更好地养成勤于思考的好习惯，并练就活跃的思维能力。

周小松素有"绘画神童"之称。有一次，爸爸带他看石鲁的山水画展。在去看画展前，爸爸并没有告诉他这是个人画展。但是，当他看了一圈后，走过来对爸爸说："这些画好像是一个人画的，每幅画都很好。"

听儿子这么说，爸爸既惊喜，又感到奇怪，于是便问儿子："你怎么看出来的呢？都好在哪里？"周小松说："这些画用笔很好，每幅画虽然形态迥异，但布局都很好，气魄也大。"爸爸满意地笑了。

可能一般的孩子在较大的场合发表自己的意见是件比较困难的事，但周小松却一向比较大胆。这和他爸爸对他从小进行的教育有着必然的联系，也正是这种鼓励，让周小松不仅在绘画上取得了较好成绩，在表达能力上也有不凡的地方。

所以说，父母们在日常生活中，一定要鼓励孩子敢于发表自己的看法。

2. 陪孩子一起玩思维游戏

逻辑思维能力是锻炼和培养孩子思考能力的重要渠道，很多关于思维的故事和游戏都能锻炼孩子的逻辑思维能力，并促使他养成勤于思考的好习惯。因此，父母不妨在生活中为孩子创造一些类似的游戏，来培养他的思维。

烁烁的爸爸为了让淘气的儿子保持安静，就想了个办法。他把儿子叫过来，从口袋里拿出 10 元钱，对儿子说："只要你能猜中我心里想什么，我就把这 10 元钱给你。"烁烁高兴地问："是真的吗？"爸爸点了点头，心中暗想，这下他可能安静一段时间了。果然，接下来的几天，烁烁安静地思考这个问题，第三天，他认真地对父亲说："我知道你心里在想什么了！"父亲很惊讶：

"那你说说看！"烁烁说："你不想把这10块钱给我。"

听儿子这么说，烁烁爸爸很是开心，因为孩子的推理是正确的。于是，他痛快地把10块钱给了孩子，同时又给烁烁出了另一个难题。就是在这样的小游戏中，烁烁的思维能力得到了很好的锻炼，他也不再那么淘气了，成了一个凡事喜欢思考的可爱男孩。

3. 训练孩子的推理能力

推理能力是思考能力当中十分重要的部分，因为这需要对概念等有深刻的理解才能进行。因此，在平时生活中，父母要注意对孩子解释一些概念性的事物。

想要培养孩子的推理能力，除了概念上的解释，最好的办法还有一种，那就是让孩子多做一些有意思的推理题目。

父母可让孩子思考：不是白天，就是晚上；现在阳光正洒满美丽的校园，看他能否得出"现在不是晚上"的结论；或者爸爸的年龄比他大，爷爷的年龄比爸爸大，能否得出爷爷的年龄比他大的结论，等等。

总之，要把孩子培养成为具有独立人格的人，必须让他学会独立思考。

伟大的思想家、教育家爱因斯坦曾经说过："发展独立思考和独立判断的能力，应当始终放在首位，而不应当把获得专业知识放在首位。如果一个人掌握了所学学科的基础理论，并且学会了独立思考和学习，他必定会找到他自己的道路，而且比起那种主要以获得细节知识为其培训内容的人来，他一定更能适应变化。思考、思考，我就是靠这个学习方法成为科学家的。"

我国伟大的教育家孔子也说："学而不思则罔，思而不学则殆。"一个人，只学习而不去思考就会感到迷茫，这足以说明，思考是孩子在学习过程中不可或缺的环节。孩子是否聪明，不在于掌握多少知识，而在于是否会思考。所以，给孩子思考的机会，孩子才会真正变得聪明。

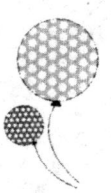

给孩子独立的空间

一次,高三女孩小雯因为学校有事,提前放学回了家。她打开屋门,发现妈妈正从自己屋子里出来,手里还拿着几本杂志,一直三令五申不许妈妈进屋的小雯很生气。不过,当时她并没有发作,只是回屋温习功课时,发现自己锁得好好的抽屉被翻过了。小雯终于按捺不住了,她找妈妈理论一番,没想到妈妈却振振有词地说:"我就是想检查一下你最近是不是用心读书了,还有不到半年的时间高考,我怕你分心。"一直用功读书的小雯觉得妈妈不信任自己,自己的努力都是白费工夫。于是第二天赌气地把自己锁在屋内,任凭爸妈如何催促都不肯去上学。

着急的妈妈找到她的班主任,抱怨小雯到这个时候了还逆反,居然不想学习。当过心理教师的班主任反复追问原因,妈妈承认是因为自己偷看了孩子的日记和抽屉,才导致她拒绝来学校。老师告诉小雯妈妈,处在高三时期的女孩,本来心理压力就很大,生怕来自父母的不信任,这样的窥探无疑让孩子加深了这种印象。孩子已经长大,她也有自己的生活空间和情感世界。此时只有信任她、鼓励她,给她一个自己的空间,才能赢得尊重和爱戴,也才能更好地促进她的学习和生活。

班主任打电话请来小雯，小雯委屈地跟老师说："一直以来，我都很努力，我以为妈妈能够看到我的努力，没想到她这样不相信我。其实我也明白他们的用心良苦，但侵犯我的隐私只会让我越来越不相信他们，自己也变得越来越没有自信。"

了解到这些，妈妈诚恳地向小雯道了歉，为她的小屋重新装上了一把门锁，并郑重地把钥匙给她，承诺以后不会再不经允许到她的屋子里去。同时希望她不要辜负父母的信任，努力为自己的明天拼搏。静下心来的小雯在5个月左右的奋战之后，成功考取了理想的学府，为父母上了深深一课。

幸好小雯的妈妈在最后关头及时调整了自己的做法，才没有造成损失，实际上像她这样的家长不在少数。一家报社对全国各城市的调查显示，近30%的中小学生信件被家长偷看过，甚至有很多家长认为这理所当然。

一位从事政教多年的老教师说："无论你是否愿意，作为一个完整的人，孩子也应该有属于他的隐私权，即使承认发现了他的秘密，也不能抖搂他的隐私，否则不仅会让他觉得自己没有了自尊，而且还会导致他从此失去对人的基本信任。"

随着年龄的增长，孩子开始拥有一个相对完整、属于自己的世界，这个隐秘的世界是他的自由王国，不希望有外人侵犯。此刻，父母完全不必担心，更不要想方设法去获知孩子的心思。给他留一点私密的空间，尊重他的隐私权，并主动以平等的态度与他交流，让他感觉到父母的坦诚和信任。当他相信父母会尊重自己，自然会愿意沟通，把自己心中的秘密告诉父母，顺利度过成长期。

1. 给孩子锻炼独立性的机会

如今，随着社会竞争的日益激烈，为了不让自己的孩子输在起跑线上，很多家长对孩子的教育都十分重视。然而这种重视往往会把目光放在学习成绩和各种特长班、兴趣班上，却疏忽了对他独立自主能力的培养。

有些父母在学习上对孩子严格要求，尽善尽美，可是在日常生活中也将所有的"关爱"都倾注在孩子身上：家务活从来不让做，对他的生活起居关怀备至，只要他学习好，按照自己的要求掌握好知识就可以满足他的任何愿望……

在小学任教的王老师讲过这样一件事情：一天，他去班里上课，进教室后发现一个孩子正手足无措地站在桌子旁边。他很奇怪，于是走近一看，发现原来孩子的凳子上洒了一些钢笔水。而这个孩子，居然连如何清理干净都不知道。因为在家里，这些事情都是爸爸妈妈或奶奶来做的，他的任务只是"争取每次考试都考第一。"

说到这里，王老师还提到了另一个名叫欢欢的孩子。一次他在日记中写道："我知道爸爸妈妈都很疼我，但有时候，我却希望没有他们在身边。因为他们对我真的太'照顾'了，这让我感到自己除了学习好点之外，一无是处。"这个孩子在日记中提到，他十分渴望可以自己动手洗衣服、叠被子，自己洗澡、挑选衣服。但每当他准备做这些事情的时候，父母总会及时地出现，帮助他解决这些问题，甚至有时连鞋带都帮着他系，这让他在同龄的孩子面前受到了嘲笑，也感到了深深的自卑。可是每次跟父母提出独立的要求时，父母总会说："把你的学习搞好了，比做什么都让我们都高兴。"

这种做法，并不仅仅在孩子年幼的时候，由于形成了习惯，有的父母甚至会延续到孩子上中学、大学，乃至大学毕业。但恰恰是这种无处不在的"爱"，让自己心爱的孩子得不到独立生活的锻炼机会，无法养成独立自主的人格。因此，真正爱孩子的家长，一定要给孩子锻炼独立性的机会，让他在各种生活技能的体验中快乐成长，只有这样，才能最终成长为德才兼备的、令人骄傲的孩子。

2. 不做强势的家长

从心理学的角度来讲，剥夺孩子自己做主的家长，一般喜欢将自己放在强势的位置。而在这种家长的培养下，一般会出现两种情况：

第一种是懦弱型孩子，他们躲在强势家长背后，没有自己的主见和意志。由于家长的过度保护，制约了他的个性发展，因此造成了他依赖性较强，凡事顺从别人，乖巧顺从，不够自信的性格。这种孩子在年幼的时候，常常会让大人感到"省心"，然而等他到了应该自己独立面对生活的年纪，却开始逐渐显露出不和谐的行为。因为他已经离不开家长的管理，任何事都无法自行处理，甚至有了家庭，也无法独当一面。

第二种是逆反型孩子，他们对强势的家长十分反感，一切都对着干，且将对抗家长作为判断事物对错的唯一标准。在这种状态下成长的孩子，在具有独立意识之后，会感觉家是一个没有自由、令人窒息的地方，于是转向外界寻求安慰或心理依赖，从而逐渐走向家长希望的反面，并很有可能会成为问题少年。

为了不让孩子成为以上两种类型，无论是什么性格的家长，在教育的过程中都要认识到，对孩子的养育过程，实际上应该是孩子和父母共同承担、共同成长的过程，也是发现他的优点，引导他更好生活和成长的过程。因此，在孩子面前，父母应适当示弱，给予他成长的机会，适当让他表现自己，独立完成力所能及的事情，这同时也是孩子成长过程中不可或缺的部分。

美国心理学家戴尔说得好："孩子需要一定的空间去成长，去实验自己的能力，去学会如何应付危险的能力。不要为孩子做他自己能做的任何事情。如果父母过多地做了，那就剥夺了孩子发展自己能力的机会，也剥夺了他们的自立与自信。"

在一对夫妻只有一个孩子的今天，父母都应该懂得：孩子不是任何人的附属，他是作为一个独立的个体而存在的。父母要尊重他们独立和探索的欲望，而不应该将孩子禁锢在自己的臂弯里。

那么，就请父母们从给孩子一个独立的，可以自由活动的空间开始吧。对于这个空间的建设，也要征求孩子的意见，或者干脆完全由他来布置，比如书桌、书柜、玩具、图书、装饰品及各种学习用品等的选择和摆放，让孩子自己作决定就好。这样孩子会感受到自己可以独立地支配这一方小天地，那么他就会从内心里感到自己是它的主人，更是自己的主人。

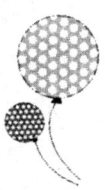

不动手去做，独立只能是空谈

11岁的程毅是个聪明活泼的男孩，各方面表现都不错。但是最近，妈妈发现儿子身上存在一个很严重的问题：只说不做。比如，有时候看到妈妈打扫房间累得够呛，他就会说："妈妈，以后我的房间自己打扫就行，不用您给我帮忙了。"

可是到房间乱了的时候，程毅却没有行动，等着妈妈为自己打扫。还有一次，他告诉爸爸说，同学们都自己做了"棱镜片"，光线进到那里面就会变得五颜六色的，非常好看，周末也要动手做一个。可没过几天，他就央求爸爸去给自己买了一个回来。对于儿子这种只说不做的行为，程毅的妈妈很担心，她怕儿子会一直这样下去，所以就准备找机会引导一下。

一次，程毅放学后对妈妈说："妈妈，我们就要期末考试了，明天早上6点钟你就叫我起床，我要起来复习功课。"妈妈知道程毅平时就不爱早起，6点钟他肯定起不来，她心里想正好就这个机会得和孩子谈谈。

果然，妈妈6点叫程毅起床的时候，他翻了个身，然后又睡着了。妈妈生气地把他的被子掀了起来说："不许睡了，你不是让我叫你起来学习吗？"程毅迷迷糊糊地说："太早了妈妈，我还很困呢。"妈妈没理他，硬把他叫了起来。

洗漱完以后，妈妈把程毅叫到了客厅，看见程毅气呼呼的样子，她说："程毅，妈妈发现你现在有一个毛病，就是平时的想法很多，但是从来都不去认真做。这是一个很不好的习惯。"程毅看了看妈妈，没有说话。妈妈接着说："有想法是好的，这就说明你有要行动的意识，但是想法不付诸行动就永远只是想法而已。你明白吗？昨天晚上你告诉我6点叫你起床，那你今天就一定要6点起床，这样才说明你是一个想法和行动一致的优秀的人。"程毅低着头，说："对不起，妈妈，以后我会改正的，我会做一个优秀的人的。"

想法如果是很多个"0"，那么行动就是最前面那个"1"，也就是说，不付诸行动就将永远只是想法而已，只有把想法付诸实践才有可能产生实际效果。如果你的孩子也像故事中的程毅这样说得比唱得好听，却总是不见有任何行动，那么他就只能算个"嘴把式"，独立也就无从谈起了。

显然，多数父母都明白这个道理，于是大家也都千方百计地为改掉孩子光说不做、言行不一的"恶习"而采取着措施。但是，我们发现，很多父母对此往往会下"最后通牒"，要求孩子必须保证做到自己所说的话，实现自己所做的"承诺"，却从不考虑孩子的具体情况。结果常常是孩子被逼无奈地答应了，可最终并没能做到，于是父母就给孩子多加了一项罪名。

看得出，用这种方式去改变孩子的行为最终往往会适得其反。像上面故事中程毅妈妈的做法就很值得借鉴，她发现儿子只说不做的问题后，没有立刻指责，而是找准时机进行了一番教导。这样，孩子就不会从心理上排斥大人的告诫，而且会更充分地认识到自己的错误，并努力改正。

同时，特别提醒一下父母们，对于孩子说得多做得少的行为，父母不必太过焦虑。从心理学来看，意识和行为的发展，一般来说是紧密相连的。意识决定着行为，行为又反过来体现着意识。

但是，由于孩子的认识发展跟不上，常常会造成认识和行为的脱节现象。这就容易导致孩子虽然知道自己的行为不对，但由于意志力薄弱、自制力不强，让他们说了不算，想到却做不到的情况时有发生。因此，对于孩子这种"无信"行为，父母不要看成是道德败坏、撒谎等，更不要因此而打骂孩子。

要想让孩子有所进步，父母们不妨学一下上面案例中程毅的妈妈，用一种循循善诱的方法，让孩子认识到自己的错误，并努力改正。

1. **以身作则，为孩子树立言行合一的榜样**

都说父母是孩子的第一任老师，可见父母作用的重要性。所以，在日常生活中，父母一定要注意自己的言行，一些暂时无法实现或尚不成熟的想法尽量不要当着孩子的面提出来。

2. **通过生活实践进行教育**

当发现孩子光说不做、没有行动的行为时，父母要及时指出，并讲明道理，不要因为孩子还小就纵容他的缺点。要在日常生活中督促孩子按自己的诺言去付诸行动。

孩子和小伙伴约定下次出门的时候给他们带糖果，可是真的要出去了，孩子又表示舍不得。这时候，父母就要告诉他说话要算话，这样才能赢得别人的信任。

3. **努力提高孩子的认识水平**

在孩子的成长过程中，他们会越来越希望自己具有和成人一样甚至超过成人的能力。但由于受认识水平的限制，孩子的许多想法不可能真的实现，所以在这一过程中难免出现"言行不一"的现象。如果产生这一现象是由于孩子认识不清、把幻想当成现实而造成的，那么父母就应该让孩子分清真假、面对现实，鼓励孩子做有意义的事。

古人云："千里之行，始于足下。"父母在针对只说不做或者说多做少这一点来教育孩子的时候，一定要注意分辨孩子的问题出在哪里。如果是认知水平造成的"无意识"的"只说不做"，那么问题不大，可以帮助孩子提高认知；如果孩子的"只说不做"是出于有意识的，那么则要注意方法，改正和教育。否则，孩子容易形成纸上谈兵、不踏实的习性。

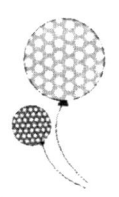

引导孩子告别优柔寡断

素素是个典型的娇娇公主，自从出生到6岁时读完幼儿园，她的一切都由爸爸妈妈一手包办，素素也乐得逍遥自在。可是进入小学之后，素素的很多弱点就逐渐显现出来，尤其是她做事缺乏主见，不管别人说得对不对，她都老老实实照做，别人说什么她就信什么。

在此之前，父母都认为素素是个乖巧的孩子，她非常听话，让家人感到省心。然而现在看来，素素妈妈认为，这对素素的成长非常不利。

为了培养女儿有主见的性格，素素的父母开始有意识地为她提供自己做主的机会,比如给她买衣服的时候,让她自己选择款式和颜色;购买书包的时候,也让她自己决定是要白雪公主的,还是米奇的等等。

刚开始的时候,面对和以前大不一样的变化,素素还有些不习惯,总是向爸爸妈妈询问:"妈妈,你说哪一种更好看呢?""爸爸,你觉得我是要这件,还是要那件呢?"每当这时,爸爸妈妈总是告诉她:"你自己喜欢哪种就选哪种,不用问我们。"

这样持续了一段时间后,素素买东西开始学会了自主,有了自己的主意后,做事再也不优柔寡断了。看到女儿的转变,素素爸爸妈妈的心里别提多开心了。

常听一些父母对于孩子的优柔寡断备感无奈:做事总是让别人帮着拿主意,自己从来不干脆利落地下决断……

确实,很多孩子遇到总是拿不定主意,一会儿觉得该这样,一会儿又觉得该那样,想法在两者之间游移,迟迟下不了决定。更有甚者,喜欢人云亦云,表现在人际交往中,则是一昧无原则地迎合和迁就别人。这样的孩子往往得不到他人的尊重,常常成为受人欺负的对象,长此以往,对孩子的成长与心理健康都是不利的。

关于优柔寡断和果断决策力,心理学家做过专门的分析和研究,结果显示:在回答"你要喝什么"的问题时,说出"我想喝咖啡,不想喝红茶"的人比起回答"什么都可以"的人,将来在社会上更有作为。显然,这里的关键就是"果断"与"优柔寡断"的区别。

对于孩子来讲也是如此。做事果断的孩子一般都具有较强的控制力和决定力,这是孩子未来能取得成功的关键。

可是,孩子优柔寡断的根源来自哪里呢?

事实上,孩子不具备果断的性格大多不是先天因素,而很有可能是家长的教育问题。

很多父母虽然也像素素的爸爸妈妈一样发现孩子做事优柔寡断，缺乏主见，但遗憾的是，并没能像他们这样积极地寻找办法，来改变孩子这种不良性格。所以，要想让自己的孩子告别优柔寡断，父母们需尽量给孩子创造让他自己做主的机会，多让孩子自己拿主意。

其实，孩子优柔寡断，没有主见，还有一些其他的因素，在此我们一一列举：

一方面是孩子认识上的障碍。在平时生活中，一些父母对孩子限制颇多，总是要求孩子这个不能做、那个不能为，这让许多孩子形成了认识上的障碍。其实，这种对问题的本质缺乏清晰的认识，将直接导致孩子遇到事情后拿不定主意并产生心理冲突。

另一方面是由于缺乏沟通，让孩子产生了犹豫不决的心理。有的父母由于忙于工作，和孩子之间的交流就比较缺乏，导致他们不理解孩子，这也往往会造成孩子的畏惧心理，以至于自己很想做的事情也不敢说、不敢做了。

还有一点就是家教太严，受管束太多造成的。受传统教育思想的影响，很多父母还相信"严管出孝子"的古训。殊不知，"严管"的教育方式教出来的孩子大多只会循规蹈矩，不敢越雷池一步。一旦情况发生变化，孩子首先想到的是是否合理，在行为上左右徘徊，拿不定主意。

毋庸置疑，没有哪个父母可以陪伴孩子一辈子，等孩子长大后，独自面对纷繁复杂的社会是必然的。那时候不可能时时都有父母的意见供参考，如果孩子自己老拿不定主意，那必定要误事。因此，父母需尽早培养孩子自己拿主意的能力，教会他们要对自己负责。

1. 敢于放手，让孩子去做力所能及的事

孩子的天性中，大多是勇敢无畏的，他们觉得自己并没有大人们认为的那样，什么都不能做，相反，他们觉得自己能做很多事。再加上对任何事都好奇的天性，孩子一般都愿意参加一些活动。

既然如此，父母们大可利用这一点，及早分派给孩子一些力所能及的事，

比如穿衣、穿鞋、擦桌子等基本的生活技能。一开始，孩子可能会做得比较慢，也有可能做不好。但这都不要紧，最重要的是，他得到了锻炼的机会，并且乐在其中。

长期坚持下去，孩子就会主动去思考、尝试一些事情。在此过程中，他们的潜力也会被更加充分地发掘出来。日子久了，孩子就可以更多地体会到通过自己的努力可以完成某些事情，以后做起事来自然就会果断进行了。

2. 创造机会，鼓励孩子下决心

父母们都知道，在做某个决定之前，通常会考虑一下利弊得失，因为只有这样才能做出最佳选择。为了培养孩子敢于作决定的良好习惯，父母们就得在一些事情上，尽可能给孩子充分自主的机会，让他产生一种"我可以决策和选择"的感觉。这样一来，孩子就会凭自己的思考、能力去决定做什么事、如何去做，比如去餐厅吃饭，可以让孩子点餐；去商场购物，可以让孩子决定买篮球还是排球，等等。

3. 放松限制，不要对孩子要求太过严苛

现在的很多父母怀着望子成龙，望女成凤的急切心态，希望自己的孩子事事拔尖、门门优秀。一旦孩子达不到他们的要求时，他们就表示自己的不满和愤怒，对孩子严厉批评。甚至有的父母还让孩子做超出其能力范围的事，而且不提供帮助。这样的结果往往是孩子因为失败而感到痛苦，以至于从此不自信，拿不定主意，害怕做错事。

所以，对于孩子的要求，父母们把握适度才好，不要过于放松，也不要过分严苛，而应适当放开手脚，让孩子在自我锻炼中培养果断的性格。

综上来看，孩子能否成为一个做事果决的人，很大程度取决于父母的教育。当你发现自己的孩子做事总拿不定主意、犹豫不决、优柔寡断时，就有必要及早行动，采取可行的办法，让孩子摆脱这种不良性格，从而让孩子成为一个遇事果敢、坚定的人。如果你的孩子还没有出现类似的情况，那么恭喜你，同时也要提醒你，防患于未然，争取避免类似情况发生。

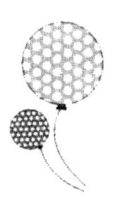

让孩子具备良好的时间观念

聪聪的妈妈非常为女儿聪聪担忧,因为她没有什么时间观念,对待学业,能拖则拖,完全不懂得善用时间。聪聪平时放学回家首先就是打开电视,一看就是一两个小时,直到吃晚饭。而作业一直要拖到快睡觉的时候才开始做。自然,她经常做不完作业,只好第二天早上匆匆赶到学校去补;到了休息日,聪聪最喜欢的就是睡懒觉,有时还结伴外出玩耍,到了约定的时间也迟迟不归,经常耽误了兴趣班的上课时间。对于女儿这些不善用时间的行为,聪聪的妈妈不知该如何帮她改正,为此很是苦恼。

生活中,有些父母常会抱怨孩子做起事来不利落,总是拖拖拉拉的,缺乏时间观念。而孩子自己呢,却总嚷着时间不够用,太紧张。

其实,时间对每一个人都是均等的,所不同的是,时间只善待那些珍惜它的人。

作为父母,我们有责任培养孩子对于时间的认识,并帮助他建立良好的时间观念。

聪聪的拖拉虽说比较典型，但这种情况在这个阶段的很多孩子身上都存在，从而使他们的学习和生活都不能井然有序地进行。针对孩子这些表现，父母可以为孩子讲一些名人名言或者名人成才的相关实例，让孩子从中认识到合理利用时间的重要性。

帮助孩子树立时间观念，父母还可以利用身边的正反典型事例进行引导和说服。

或许有些父母认为，对于孩子时间观念的培养不用很早进行，当孩子长大后，自然会慢慢懂得的。

其实，这种认识是有失偏颇的。对孩子时间感的培养不仅仅是为了让他们对时间有一定的认知，更重要的是让他们对时间有一定的把握和感觉。如果孩子具备较强的时间观念，那么他通常做起事来，会主次分明，有条理，能够合理地使用和分配时间。这种时间感的培养，是离不开父母的引导和培养的。

当然，"时间"这个看不见、摸不着，却又相当重要的概念，通过口头方式来告知孩子的话，会存在一定的难度。但是只要父母耐下心来，根据孩子的理解能力，通过利用他所熟悉的事物来联结时间观念的话，将会使孩子更容易了解时间的意义。

1. 从生活中增加练习的机会

对于已经有一定时间概念的孩子来讲，父母可以把描绘时间的语汇运用在平时和孩子的对话中，比如，明天是周六，我们上午分两个阶段进行安排，10点之前打扫卫生，10点之后看动画片，等等。这样，会有助于孩子加强生活事宜和时间词汇的联结，从而能够更精准地认识和使用这些表示时间的词汇。

2. 父母以身作则，为孩子树立榜样

对孩子来说，父母一直都是他们学习和模仿的范本。因此，要想让孩子的时间观念强，父母就先得做到，如果父母的作息混乱，那么孩子必然会受到影响，并且会效仿父母。只有父母以同样的标准严格要求自己，遵守规律的作息时间，才能以身作则培养孩子的时间观念。

假如父母常在某个需要马上做或者计划中要执行的任务面前，用"等一下"来敷衍，然后自己却沉迷在电视或者原先的工作中，那么孩子便会用同样的态度来处理自己的事情。

3. 运用计时器，帮孩子告别拖拖拉拉

有些时候，可能需要特别强调时间的段落性，比如6点钟要起床，7点至8点钟要吃早餐，中午12点要睡午觉等，这时候父母可以选用小闹钟、手机等可以设定时间的计时器，让孩子知道当铃声响起的那一瞬间，他就要进行事先安排好的活动了。当然，在孩子表现良好，或者主动准备一些事情时，父母别忘了给予肯定，对孩子的做法说一些鼓励的话。

4. 帮助孩子确立时间安排表

父母可根据现实情况，和孩子一起商议来确定日常生活中的常规事项，比如起床、晨练、吃饭、家庭作业、休息等，规定好从什么时间开始，到什么时候结束。通过这样的方法，让孩子练就在规定时间内完成某项事务的能力和习惯。

父母都知道"时间就是金钱"这句话，但实际上，时间有时候比金钱还要珍贵。如果我们在对孩子的早期教育中，帮他养成良好的时间观念，那么就相当于为孩子学习知识、积蓄力量来了一个美好的开端。因为善于利用时间的人，将会拥有高效率的办事效果，也往往是最能干出成绩的人。

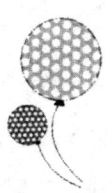

注重培养孩子的责任心

一家工厂由于战略调整,需要裁员。下岗名单公布了,有内勤部的张平和李松,规定1个月后离岗。那天,同事们都小心翼翼地和他们接触,不敢多说一句话,因为大家注意到,他们俩的眼圈都红红的,这种事摊在谁身上都难以接受。

第二天上班后,张平由于心里憋气,表现得情绪很激动,一会儿向同事哭诉,说自己好歹是厂里的老员工了,一家老小还靠自己的收入来养呢;一会儿向主任伸冤,说自己没功劳还有苦劳,怎么就这么让自己下岗了呢?

光顾了抱怨和哭诉,张平将自己本该做到定盒饭、传送文件、收发信件等活,全扔在了一边,由其他同事替他干。

再看李松,虽然也被辞退,但他想,难过归难过,毕竟还有一个月才离开工厂,工作不能不做。于是,他还和往常一样勤勤恳恳干着他的打字员工作。在同事们面前,李松也表现得比较放松,他特地和大家打招呼,主动揽活。他说:"是福不是祸,是祸躲不过,反正也就这样了,不如好好干完这个月,以后想给工厂干都没机会了。"

一个月的时间很快过去了,结果却是张平下岗,李松被留了下来。主任当众宣布了老总的话:"李松的岗位谁也无法代替,像李松这样的员工公司永远也不会嫌多!"

这个案例虽然是个成人的例子,但却让父母们看到责任心对于一个人的重要性,而且责任心的培养是需要从小进行的。

所以,在培养孩子的过程中,父母有必要为他灌输对自己、对他人"负责"的观念。但是看看我们周围,更多的孩子常常是自己能做好的事情却不自己做,做错了事情不承认,习惯在别人身上找原因的现象,在其他孩子身上也普遍存在。这类问题的关键是孩子没有建立一定的责任心。

那么,是什么原因造成如今的孩子缺乏责任心呢?

究其根源,主要还是来自父母的教育。一方面,父母没有给孩子独立负责的机会。这是因为很多父母给予孩子过度的保护,本该由孩子自己负责的事情父母也承揽过来,久而久之,孩子必然会越来越依赖父母,甚至把父母为自己做事看作是理所当然。一方面,父母没有教会孩子怎样对自己、对他人、对社会负责。我们总说父母是孩子的第一任老师,在负责任这一点上,父母同样负有不可推卸的责任。所以,父母应该在平时以身作则,教会孩子要对自己、对他人、对社会负责。

1. **合理引导,增强孩子的责任意识**

很多孩子之所以缺乏责任心,首要因素是其对责任的认识不足。为此,父母有必要把孩子应该做的事情,诸如学习、做家务等的作用和目的告诉孩子,使孩子认识到其中的意义和价值,比如生存、自我实现、报效祖国等。同时,父母还要不断强化孩子的责任意识,并告诉孩子怎样才能履行自己的职责。

2. **从"心"入手,帮助孩子建立责任感**

这里所说的"心"主要指的是思想教育。父母可由此入手,向孩子灌输建设社会、建设祖国的重任。这不仅会帮助孩子建立责任感,而且还能增强孩子的自我意识，认识到自己的主体地位。这样，孩子就会主动想办法来发挥自己的作用。当然，对于孩子负责任的行为，父母要及时给予评价，正确引导，让孩子认识到自己在履行责任方面的对或错。

3. 通过生活点滴，培养孩子的负责行为

妍妍是一个非常聪明、性格开朗的孩子，周围有很多一起玩的小朋友。但是，妍妍有个小毛病，就是"常有理"。当她最近犯了错，她总会找借口为自己辩护，把责任推到其他事物或者别人身上。这不，刚玩完玩具，妈妈让她收拾。她说："一会儿我还玩呢。"过了一会儿，妈妈再让她收拾，她就说："我累了，想休息休息。"可是如果有小朋友来自己家里玩，她就责问人家为什么不收拾玩具。妈妈说："你是小主人，你应该带头收拾呀！"她却说："玩具是他玩的，应该他收，小朋友要自己的事情自己做。"妍妍仿佛什么事情、什么道理都明白，但是什么都不愿意自己做。对于这个聪明却不好说服教育的孩子，妈妈真是拿她没有办法。

要想让孩子学会承担责任，最简单易行的办法就是通过日常生活来培养。像上面案例中的妍妍，如果父母不及时引导，那么她的找借口行为会愈演愈烈。相反，如果在发现妍妍有推卸责任的苗头后，父母就能够及时引导，让她知道该怎么做，不该怎么做，那么，妍妍责任心的培养将会指日可待。

其实，父母可在日常生活中，通过提供和创设各种履行责任的机会来对孩子负责任的意识进行培养。例如，要求孩子必须对自己居住的环境负责，提出整理内务、打扫清洁等目标，看他是否能自觉地坚持不懈地做好。

我们知道，责任心并不像知识、技能或者能力那样清晰可见，但它对一个人能力的发展起着举足轻重的作用。通常看来，一个对自己有责任心的孩子，自觉水平高，处理问题的能力强，让父母省心；一个对他人有责任心的孩子，有更多的伙伴，更多的乐趣，让父母宽心；一个对集体、对社会有责任心的孩

子，从小志存高远，怀抱梦想，让父母放心。

因此，那些有责任心的孩子往往会表现出自觉、自爱、自立、自强等优点，而这些又是一个人成才成功至关重要的法宝。因此，要想自己的孩子更加优秀，需要父母从小培养他负责任的意识和习惯。

给孩子责任之"根"和独立之"翼"

圆圆是被姥姥姥爷、爷爷奶奶、爸爸妈妈集万千宠爱于一身的小宝贝，从小到大"衣来伸手饭来张口"。

今年，圆圆升入小学四年级了，可还是什么事都不做，也都不会做，即使最简单的削铅笔、整理书包、系鞋带等类似的小事都还由家长代劳。

圆圆将这种习惯从家中带到了学校里，班级里的事，他从来不闻不问，有同学和他商讨什么事，他总是置若罔闻，一副满不在乎的样子。

如果同学说："你是班里的一分子，为班里做点事是应该的嘛！"圆圆就翻一翻白眼，漫不经心地说："我来学校是为了上学，不是为了做其他的，这些事和我有什么相关？"

由于圆圆太缺乏责任心，所以同学们都不喜欢他，而他的成绩并没有因为"来学校只是学习"而让人信服，相反，总是排到后几名……

　　见儿子这样，圆圆的爸爸妈妈困扰极了，他们不知道为什么孩子会是这样子，更不知道该怎么让孩子向好的方面转化。

　　其实，圆圆的问题和他所受的家庭教育有直接的关系。处于"爱护"心理，圆圆的爷爷奶奶、姥姥姥爷和爸爸妈妈总是把他的生活安排得面面俱到。而圆圆呢，自然不用费什么心思，这样久而久之，他不但丧失了独立生存的能力，还养成做事不负责任的习惯。

　　看看我们周围，常会有这样一些人，他们头脑聪明，也很能干，但工作却平平，甚至常出纰漏。对于这样的人，周围的人一般会给出"缺乏责任感"的评价；相反，还有一类人，他们看上去并无过人之处，但做起事来踏实稳重，目标明确，敢作敢当，最终多是事业有成。

　　之所以如此，很大程度上是因为后者对人、对事、对工作有强烈的责任感。应该说，责任感的培养是一个人健康成长的必由之路，也是一个成功者的必备条件。

　　或许有的父母认为，孩子毕竟是孩子，还小，树大自直，长大了自然就行了。殊不知，孩子的责任感是应该从小培养的。不少研究表明，儿童阶段是责任心形成和发展的关键时期，学校、家庭、社会都应重视对孩子进行责任意识的培养。

　　著名的美国西点军校有一个悠久的传统，那就是不管什么情况下，在遇到学长或军官问话的时候，新生只能有四种回答：

　　"报告长官，是。"

　　"报告长官，不是。"

　　"报告长官，没有任何借口。"

　　"报告长官，我不知道。"

　　除此之外，不能多说一个字。

我们看到，从西点军校出来的学生中，有很多后来成了杰出的将领或商界奇才，这不难让我们联想到"没有任何借口"立下的功劳。

其实，作为父母，能给予孩子的最好的礼物，应该是生存的"根"和飞翔的"翅膀"，这里的"根"即是责任之根，"翼"即时独立之翼。

一个孩子如果缺少了这两样东西，不但会给他们自己的成长、生活和工作惹来烦恼，也会给家庭带来负担与悲剧。因此，对于孩子责任心的培养，父母们一定要重视起来，让孩子充分意识到应该为自己的事情负责任。

1. 通过勤俭节约的教育，培养孩子艰苦奋斗的责任感

现在由于物质丰富，人们的生活水平大幅度提高，造成了很多孩子浪费严重，比如饭桌上孩子碗中的剩饭剩菜随处倒掉，还理直气壮地说："我吃饱啦"、"不要强人所难"；穿衣戴帽都是非名牌不穿，非高价不要，花起钱来不知道心疼，不懂得节约。

或许对不少家庭来说，这种"小事"完全可以满足孩子，因为这不会对家庭的经济状况造成什么影响。但是这样下去的结果却是孩子讲排场、爱攀比、不负责。

所以，父母应该在物质需求上适当控制一下，尽量让孩子懂得勤俭节约，这样他们才会珍惜自己的一切，爱惜父母的劳动成果。长大后，也就更容易增强艰苦奋斗的责任心，成才成功的机会自然就会大很多。

2. 父母在家中要为孩子树立好的榜样

在孩子面前，父母首先要做一个勇于承担责任的人。"言必行，行必果。"父母以身作则，这样才能有威信要求孩子负责任，才能让孩子有模仿对象。

3. 重视负面道德情感的良好效应

如果父母给孩子灌输正直、善良、勇敢等正面道德情感，便可塑造其美好的心灵，而让孩子体验羞愧、内疚等负面道德情感也会使其受益匪浅，而且羞愧、内疚等负面道德情感与正面情感相比，更能在孩子的心中留下深刻的记忆，促使他不断自我反省，区分好坏、是非、对错和美丑，改正错误。

著名思想家、文学家托尔斯泰曾经说过:"一个人若是没有热情,他将一事无成,而热情的基点正是责任感。"可见,责任感的培养是一个人健康成长的必由之路,也是一个成功者的必备条件。正在生长发育中的孩子,其责任心的形成也正处于关键时期,因此,学校、家庭、社会都应重视对孩子进行责任意识的培养,让孩子成为一个为自己、为他人负责任的人。

错误面前,让孩子"自食其果"

一位中国客人去一位法国朋友家做客,吃饭时朋友8岁的孩子用一小块面包逗小狗玩,狗跳起来撞翻了孩子手中的盘子,盘子碎成了几块。

孩子理直气壮的对父母说:"你们看见了,是小狗打碎了盘子,不是我弄碎的。"

孩子的母亲说:"盘子确实是小狗撞翻的,可是你有没有错?"

男孩子大叫:"是小狗的错,不是我的错。"

父亲让孩子离开餐桌,到他自己的房间里去好好想一想,自己究竟有没有错。十几分钟后孩子走出房间,很认真的说:"小狗有错,我也有错,我不该在吃饭时喂狗,这是你们多次对我说过的。"

父亲笑了："那么今天你就该为自己的错误承担责任，收拾餐桌，并拿出零用钱赔这只盘子。"男孩认真的点了点头。

如果父母经常性地给孩子推卸责任的机会，那么孩子就不会意识到自己的行为后果所带来的影响和责任，从而就建立不起责任感，这给孩子带来的伤害和影响可能会超乎你的想象。

所以，父母们，如果真的爱你的孩子，就不要把他当作自己的私有财产，也不要把他看作是自己的"克隆"。而应该认识到，孩子是一个独立的、完整的个体，我们必须要让孩子懂得责任感，应该由他们自己负责的事情，放手让他们独自去承担。

1. 让孩子自己记下要做的事情，学会对自己的事情负责

珠珠家有一项家庭"内部规定"，就是要求每个人洗澡后把换下的衣服放进洗衣机。可是6岁的珠珠经常把这件事给忘记。聪明的珠珠妈妈想了个办法，她让珠珠用本子记录，比如洗澡后该做什么事，提醒自己不要忘记；写完作业后要收拾好文具，然后再看电视，等等。实施一段时间后，珠珠开始自觉地把脏衣服放进洗衣机，其他方面也都做得很好，他为自己的进步感到自豪，爸爸妈妈也为儿子的巨大变化而欣喜不已。

有些家长反映，提醒孩子四五遍都不见有行动，甚至到头来还得自己替孩子做。其实，与其大人经常提醒，还不如让孩子自己记下要做的事情，这样孩子也慢慢地学会了对自己的行为负责。

2. 让孩子懂得自己行为的后果

著名教育家茨格拉夫人说："必须教育孩子懂得，他们不同的一举一动会产生不同的后果。只有这样，随着时间的推移，孩子们才会学得很有责任感。"

事实确实如此，只有让孩子懂得自己的行为将会产生什么后果，他才会对

自己的行为去负责任。在现实生活中，父母要试着把孩子生活中的每一项责任都放到他自己的身上，让孩子自己承担。

比如，当孩子遇到麻烦的时候，你应该说："这是你自己选择的，你想想为什么会这样？"而不要对孩子说："你已经努力了，是爸爸没有帮助你。"虽然只是一句话，却反映出了观念的不同。如果你无意中帮助孩子推卸了责任，孩子将会认为自己无须承担责任，这对他以后的人生道路是很不利的。

行为心理学认为，在孩子的成长过程中，对失责的惩罚虽然使孩子感到痛苦和厌恶，然而对孩子进行必要的惩罚对其成长是有价值的，因为它对孩子责任心的养成有一定的促进作用。这里所说的"惩罚"不单指父母施加于孩子的责备和批评，而更注重对孩子由于自己的"失责"所要承担的责任以及孩子的自责。

总之，要想培养出一个有出息的孩子，在教育孩子的过程中，父母一定要懂得让孩子承担自己本该承担的责任是多么有必要。

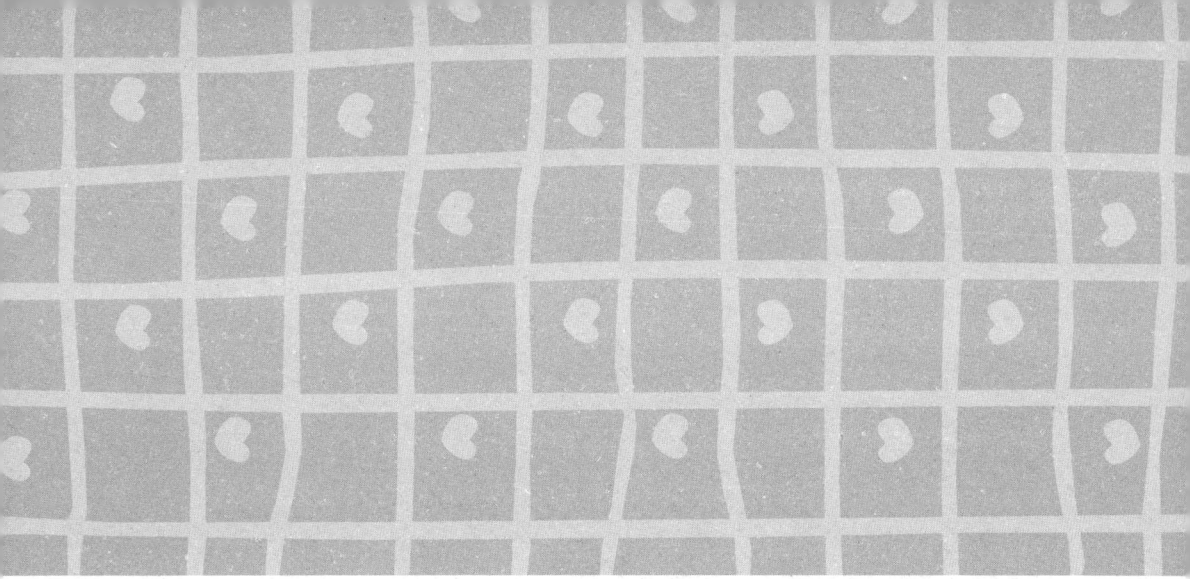

第三章
给孩子的自信添砖加瓦，
抗挫折的孩子不怕输

　　自信是人的一种情感体验，对于孩子来说，如果能够从小就树立自信，并建立起良好的自我评价系统，那么这会为他整个人生打下坚实的基础。强烈的自信心，可以促进孩子的求知、探索精神，能让孩子在面对困难和挫折时毫无惧色，并主动积极地战胜困难和挫折。

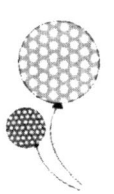

有自信,才能无惧挫折与失败

松松是小学四年级学生,他在班主任老师那里获得的评价一直是:胆小,不积极回答问题,即使被老师叫起来,说话的声音也很小。

一次家访中,班主任向松松的父母透露了这一现象。

事后,妈妈问松松为什么这样。松松说,他担心自己回答错了,同学们会笑话他。

又经过一番了解,松松妈妈得知,班上要是开展什么文艺活动,文娱委员找松松表演一个节目,他也总是担心自己演不好,不愿意上台表演。平时,松松和同学们的交流也很少,他总是一个人孤单地在自己的小圈子里面,其实他也很想和同学们一起玩的,但他怕别人不接受他,不知道该怎样和同学们相处。

面对这样的儿子,松松妈妈很焦虑,她一时也找不到什么好的办法来引导孩子。

其实,在生活中,我们会看见一些像松松这样的孩子,不论做什么,他总是担心地认为自己"不行""做不好",怕自己把事情搞砸了。这显然就是缺乏自信的表现。

缺乏自信的孩子,很多表现也很类似。一般来说,他们会有下列一些表现:

对新事物充满恐惧,不敢面对。他们在新事物面前,总认为自己缺乏能力,如果面对肯定失败,于是不愿意去面对。如果日常生活中发生一些变化,比如搬家后换了环境,去新的学校就读等,都会令他们感到不安和烦恼。

对于家人过分依赖,不管是家里还是外面,都不敢独自面对问题,缺乏独立生活的能力。

与外人特别是陌生人接触时,常把头低下,不敢说话,害怕别人关注自己,总试图躲开他人的眼神。这样的孩子也就很难建立友好的伙伴关系,往往比较孤独。

对于自己的行为会非常挑剔,一些无关紧要的事,他总是很在乎自己的行为结果,并常常对自己的行为结果感到不满。比如,他搭积木,只是比图纸上差了一个地方,而实际上又不会影响整体效果,但他还是很懊恼,觉得自己完成得很糟糕。

可能很多家长都听过或看过这样一句话:让每个孩子都抬起头来走路。其实,"抬起头来",就是意味着要人们能够对自己、对未来、对所要做的事情充满自信。不管是谁,只要他能够昂首挺胸,心怀自信,那么在他的头脑里就会产生这样的潜台词——"我能做到"、"我会做得很好"、"这点问题对我来讲不算什么"……假如你的孩子具备了这样的心态,那么他就肯定能形成健全的人格,能够不断地努力和进步。

当然,孩子的自信很大程度上来自于父母的鼓励和肯定。如果一个孩子从小就能够受到家长的鼓励和表扬,那么他的自信心必然会强于那些总受到批评的孩子。

假如以后的生活和学习中没有遇到意外的挫折,他就会形成"成功型"的个性。因此说来，要想让孩子充满自信，父母必须先给孩子积极的肯定，即便孩子经过一番努力最终并没能取得成功，父母也要从保护他们的自信和热情出发，多给他们肯定，从而激发孩子积极向上的精神。

1. **给孩子尊重，才能让他建立自信**

在培养孩子的过程中，父母要尊重孩子的爱好和意见，并尽量满足他的合理要求，而不要总是认为孩子就该服从父母，父母的权威至上，更不应该任意指责甚至打骂孩子。只有尊重孩子，孩子才会感受到父母真诚的爱，也会感觉自己说的话有分量，从而建立信心。

另外，父母不能刻意去改变孩子的爱好和兴趣，父母只能去发现、去引导他们，这样才有助于提高和增强他们的自信心。

2. **做到相信孩子和鼓励孩子**

只有得到来自父母的信任，孩子心理才会有种踏实感和安全感。同时，由于孩子好奇心强，什么事都愿意自己去做，但有时做得并不好，这时候父母不要指责孩子，而应多给孩子一些鼓励。当孩子把事情做好之后，父母的信任与鼓励会无形中增强他的自信心。

很多年前的一个母亲节前夕，当时就读于哈佛大学的比尔·盖茨给母亲寄了一张贺卡，贺卡上这样写道："你总在我干的事情里寻找值得赞扬的地方，我怀念和你在一起的时光。"当人们问起这段话的意思的时候，比尔·盖茨自豪地说："我一切的成功都源于我母亲对我的信任。"

应该说，比尔·盖茨的成功离不开他这位善于欣赏、赞扬孩子的母亲，是她成就了一位世界上独一无二的电脑天才。

一位教育专家曾说：教育的奥秘在于坚信孩子"行"。的确，孩子内心深处最强烈的需求，就是得到别人的肯定和赞扬。哪怕来自父母的一个小小的鼓励，一次不经意的赞扬，都会让孩子备感激动，并因此而更具自信。

3. **父母以身作则，为孩子做好"范本"**

对孩子来说，父母是他们成长过程中最生动直观的榜样，因此父母的示范作用也是无可替代的。要想让你的孩子能够拥有自信,不怕困难和挫折,那么父母就先要成为孩子高尚人格的榜样,做一个健康积极、充满自信的人。在此需要提醒父母们的是,即使遇到了不开心的事,也最好不要在孩子面前表露出自卑或者自负等不良情绪,以免让孩子受到影响。

可以说,自信心是孩子生命中的一把火炬,高举着他就能让孩子将自己人生的每一处照亮。总而言之,自信心是成功者必备的素质,自信心是孩子们通往成功之路的光明大道。

帮助孩子树立积极的自我形象

峰峰本来学习成绩很不错,考试总能在前五名。可是很不幸,因为一场病,使峰峰不得不休学一年。病好之后,妈妈怕峰峰跟不上以前的课程,就让孩子读去年就该上的五年级。

可是,回到学校后,峰峰看到自己曾经同班的同学都升入六年级,明年就能考初中了,而自己才上五年级,不由得自卑起来。他觉得自己如果不这么笨,身体如果再好些,也可以和同学们一样明年考初中了。

带着这种自卑情绪,再加上一年多脱离学校和课堂这样的环境,在新同学们面前，峰峰显得很疏离，对待学习也很消极。课堂上，他再也不像从前那样积极乐观，而是变得沉默寡言，不喜欢回答问题。

每次考试前，峰峰的情绪就表现得更明显，他总是忧心忡忡的，觉得自己作为留级生，再考不好的话，会很没面子。可是，越是没信心，就越学不好。结果考试的时候因为峰峰的心理状态不好，很多会做的题目，也变得不会做了。

在这种周而复始的恶性循环下，峰峰的心理越发脆弱起来。对学习也渐渐地失去了信心，他不知道自己该怎样才能学好。他甚至对学校感到害怕和厌倦，每天都很忧虑。

峰峰的父母看在眼里，急在心上。他们难以接受曾经优秀的儿子在一年之内居然变成这个样子。他们也不知道该怎样帮助儿子排遣压力，为此十分苦恼。

假如你碰上了峰峰这样的儿子或者女儿，肯定也会感到苦恼。哪个父母希望看到孩子满脸忧虑，毫无自信的形象呢？一位西方著名的学者指出："毫不夸张地说，一个有力的、积极的自我形象是成功人生的最合适的准备。"

为什么一个有力的、积极的自我形象这么重要呢？因为一个人的形象从一定程度上说明了他对自己的评价，而这个评价又决定了他对生活、职业以及对朋友的选择；决定了他对自己和周围的人的态度、发展和学习的空间，等等。可以说，一个人对自己有着什么样的看法，能够树立一种什么样的形象，将深深影响他的整个一生。

而上文中的峰峰恰恰因为不能为自己树立一个积极的形象，而越发不自信，以至于对学习和生活都看不到希望。不敢想象，长期这样下去，曾经健康活泼的峰峰会成为一个怎样的孩子？！

英国作家狄更斯曾经说过："一个健全的心态，比一百种智慧都有力量。"一个人有着怎样的态度，最直观的反应就体现在其形象上。毋庸置疑，每个父

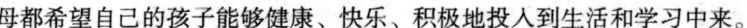

母都希望自己的孩子能够健康、快乐、积极地投入到生活和学习中来。

那么，就从帮孩子树立一份积极的心态，塑造一个健康有力的自我形象开始吧！

1. 用"降温"和"升温"法来对待孩子的自负和自卑

孩子的情绪很容易因周围的评价而发生180度大转弯。有时候课堂上犯了错误，受到老师的批评或者同学的冷落，便会一蹶不振，以至于产生自我否定的倾向，觉得自己从此"完蛋"了。这时候，父母应为孩子"升温"，适时地鼓励孩子，帮他走出自卑情绪。也有的时候，孩子某些地方做得不错，受到了他人的吹捧，并因此产生了飘飘然的感觉，认为自己无所不能，全宇宙无敌。这种情绪势必影响孩子继续踏实地学习和做事，也会影响他和周围人的关系。所以，父母应及时指出孩子的问题，给他"降温"，让他早点从自负的情绪中走出来。

2. 孩子学会正确地归因

心理学上，有个名词叫作"归因"。顾名思义，归因只是为自己的行为结果查找原因。父母们大都有这样的感觉，当做得出色时，觉得自己的功劳很大，而当失败的时候，却总是觉得别人的问题太多。这是一种心理上的自然倾向，而这种倾向在孩子身上就更为明显。

实际上，孩子的生活比较单纯，影响他们成败的因素也不复杂，一般情况下，做得好是他努力了，做得不好是他没努力。所以，在帮孩子行为的结果归因时，父母可多引导孩子从内心着手，而不是总归咎于外因。

否则会给孩子这样一种认识：失败是自己无法控制的。从而觉得自卑无助，克服苦难的自信心也会削弱很多。

3. 通过"旁敲侧击"，暗示孩子"能做好"

有些教育并非刻意为之，而是巧妙利用一些时机，见缝插针地对孩子进行引导。所以，父母可以利用生活中的一些小事来对孩子"旁敲侧击"，暗示孩子能做好，或者能达到某种高度。

当在电视里看到一个非常优秀的人物，父母不妨对在身边的孩子表示出自己对这个人物的肯定；或者当和孩子在外面的时候，父母通过和他人聊天，表示出对孩子的肯定态度。

娇娇语文学得不好，眼看就要进行小学毕业的考试，急得她像热锅上的蚂蚁。妈妈看到孩子的紧张情绪后，开玩笑似的对娇娇说："娇娇，妈妈昨晚做了一个梦，梦到你在考场上答得很顺利，就像在做你的强项科目一样，我一点都不担心你呢！"

娇娇心里知道，这八成是妈妈故意安慰自己，但她心里却还是为妈妈的一番话而舒服了许多。显然，娇娇妈妈用一种明智的暗示方法，缓解了女儿临考前的紧张心理。

娇娇妈妈的安慰，就好比镇定剂暂时缓解了孩子的焦虑情绪，这真是个聪明的妈妈。

美国心理学家塞利格曼认为，一个有着积极乐观心态的人，不但有迷人的性格特征，还有更神奇的功能，它能使人对生活中的许多困难产生心理免疫力。这样的孩子不容易受到忧郁症的侵扰，而且更容易取得成功，他们的身体素质也往往比悲观的孩子更好。

事实上，积极乐观的情绪能够展现出健康积极的外在形象，不但自己感觉舒服，让旁人看起来也舒服，而且他人也因此更愿意与你合作。这样，必将有助于学习和工作效率的提高。

所以，父母们赶快行动起来，为了孩子能有一个美好的未来，努力帮他塑造一个有力的、积极的自我形象吧！

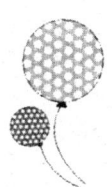

让孩子内心的自卑感消失

阔阔从小生长在农村,他的学习一向优异,小学毕业的时候,以全镇"状元"的身份考入了重点初中。

可进入中学后,阔阔有点傻眼了,他发现自己说的普通话带着很浓重的口音,听起来总觉得很别扭;并且同学们都是来自全市各个学校的尖子生,和他们一比,自己简直一无是处。论家庭条件,自己不及同学好;论交际能力,自己不如同学强;文体方面,自己更是没有任何特长。一想到这些,阔阔自卑极了。

不仅如此,最让阔阔感到自卑的是学习方面。以前小学的6年中,自己每次都是第一名,深得老师们的喜爱,也饱受同学们的羡慕和尊敬。可是现在,连前十名都未必能进去。

在这种自卑感影响下,阔阔每天无精打采的,他觉得自己就像一只小蜗牛,扛着自卑的壳,一天到晚活在自己的壳中。

从心理学上讲,自卑是一种性格上的缺陷,是消极的心理状态,也是实现个人理想和愿望的巨大心理障碍。有人把自卑比喻成一把锁,锁住了孩子的开朗和勇敢,锁住了孩子的手脚与心灵,让孩子无法向美好的前途奔去。

毋庸置疑,当我们的孩子感到自卑的时候,这种消极情绪会像野火般迅速蔓延,吞噬了他们信心坚守的阵地,让他失去了前进的动力。

父母们都想知道,孩子为什么会有自卑这种情绪呢?怎么才能让孩子驱走内心的自卑呢?

对于这两个问题,我们来逐一探讨。

孩子为什么会形成自卑情绪,主要有4个方面的原因。首先是孩子还没有形成成熟的自我概念。父母们要知道,孩子的自我意识的成熟不是一蹴而就的,它是一个相对漫长的过程,孩子会因为自我意识的不成熟,有时候过高或者过低地评价自己。一旦达不到标准和目标,自卑感就会油然而生。

其次,是孩子给予自己的消极暗示。不难发现,在孩子遇到一些新情况或者环境发生变化的时候,心理会迅速紧张起来,并产生一种"我不行""我害怕"的消极自我暗示。在这种暗示支配下,孩子的自信心就会被抑制,能力也就得不到正常的发挥,因此更容易失败,而失败反过来让他产生更强烈的自卑。

再者就是生活中遇到的一些挫折。孩子在学习、生活中难免会遇到各种各样的挫折,大多数孩子心理比较脆弱,面对挫折一时无法适应,就会变得消沉、自卑起来。

最后一点就是生理上的缺陷。有些孩子在外貌、体型、体力等方面的缺陷,会让他觉得见不得人,从而陷入自卑。

一个十四五岁的小姑娘因为自己耳朵上有一个小伤疤而感到自卑。于是,她想从心理医生那里寻求帮助。医生问她疤痕有多大,明显不明显,别人能看到吗?女孩回答说疤痕比较小,而且可以用头发盖住。

听完她的话,医生困惑不解,就问她:"既然被头发盖住了,那还有什么好介意的呢?"

小姑娘却回答说:"可是我比别人多了一块疤呀,怎么会不感到自卑和苦恼呢?"

显而易见,这个小姑娘的自卑有些多余。可是,孩子们的心是脆弱而敏感的,他们希望自己能够具有和他人同样的"无瑕"。

不过家长们必须看到,孩子的自卑感一旦产生,就会阻碍他们的进步,影响他对社会、对人生的看法,有些孩子甚至还会因此走向生活的反面。

那么,父母应该怎样帮助孩子来克服自卑心理呢?

1. 引导孩子正确地认识自己,接纳自己

作为父母,有必要引导孩子逐步认识自己的品质、性格、才智等,让孩子看到自己的优势,也看到自己的不足。对于自己有优势的地方,尽力发挥,而对于自己的不足,在努力弥补的情况下,更要学会接纳,尤其是那些无法改变的事情。千万不要因为自己某一方面的缺点就讨厌自己。

同时,父母还要告诉孩子不要拿自己的缺点和别人的优点做比较,因为这样越比就会让他越自卑。父母应该引导孩子多看自己的长处,经常给他鼓励,这样才能激发他的信心。

2. 父母要戒除比较心理

有些父母很爱拿自己的孩子和别人做比较,当自己家孩子表现得比别人好时,就沾沾自喜;当自己孩子不如人时,就以此来刺激孩子,试图激发孩子前进的激情和动力。

然而父母们不知道,这会对孩子心理造成极大的伤害。

孩子和大人一样,他们也都有强烈的自尊心,为了这份自尊,他们会追求上进,追求别人的赞美。也因此,他们对自己都有一定的期望值,当达不到时,他们也会感到沮丧,这时,如果父母还要拿孩子的短处与他人的长处进行比较,就好比往孩子的伤口上撒盐似的,会让孩子越发觉得自己没用。

所以说，做父母的，不能仅仅从自己认为的角度去做"对孩子好的事"，而应该多关心孩子的心灵，放低标准，给孩子减压。

3. 适当降低对孩子的要求

有的父母望子成龙心切，巴不得孩子做什么都能做好，哪怕是超出其能力范围的，父母也幻想着孩子能够做到。其实，这样做，只会让孩子产生强烈的挫败感。

要想让孩子达到预期的远大目标，首先要给他树立的是容易实现的目标。当孩子发觉只要一努力就能实现一个小目标后，父母再帮他加大难度，提高目标，并在此过程中肯定和鼓励孩子，那么孩子的自信心就会越来越强。

说到底，只要父母能够耐心地对孩子进行引导，少一些比较和责备，多一些掌声和鼓励，那么在让孩子感受到父母爱的同时，也会让孩子在实践中感受到自己的能力和成功之后的喜悦。这样，自卑感自然而然就不存在了。当然，对于孩子的自卑情结，父母最需要做的是防患于未然，为此，在教育孩子的过程中，父母切忌因望子成龙给孩子施加过大的压力，或总是拿别人的长处和自己孩子的短处做比较，这样才能帮助孩子避免自卑情绪的侵袭。

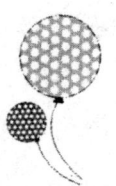

让孩子远离虚荣心的侵蚀

任宇今年升入了初中。这个成绩优异又聪明帅气的男孩,很招人喜爱。不过,任宇现在特别爱讲排场,穿的衣服鞋子都要名牌,就连背的书包也必须是名牌。用他的话说,"这才叫有范儿"。

有几次,任宇回家后,看到父母给他买回来的衣服,是没牌子的。虽然衣服也很好看,但他坚决不穿,而且还为此大哭大闹。

摊上一个这样的儿子,让任宇的父母很是头疼。他们虽然家境不错,但不想助长孩子这种奢侈做派。妈妈问任宇,而任宇的理由是:"我的同学可都穿名牌呢,就我穿一个没牌子的衣服,怎么好意思跟人家在一起玩。我不穿,人家会笑话我的,那样的话,我干脆别去上学好了。"

你自己是否也正有像任宇这样一个非名牌不穿的孩子呢?

很多父母都困惑不已,不知道现在的孩子到底是怎么了,为什么这么崇尚物质。

实际上,任宇绝非特例,如今随着人们生活水平的提高,这已经成了现代社会一个较为普遍的现象。尤其那些在条件好一些的家庭里出生的孩子，从小就习惯了玩高档玩具，穿名牌衣服，等稍微大一些后，就和同学相互攀比……

不久前网上曾有个叫"纨绔儿子贫困妈"的母亲向网友倾诉，自己刚花了800多元给孩子买了双篮球鞋，而自己却忍饥挨饿舍不得在外面吃5元钱的凉面。

这位母亲还说，本来指望这些爷爷奶奶、姥姥姥爷和姨姨舅舅们给的压岁钱让孩子留作学费或者买书用，可孩子不依，非要买名牌鞋，而且还声称："这些钱本来就是我的，买什么当然要由我说了算，再说我们班男生新学期都有了某名牌篮球鞋了，我可不想穿着旧鞋子丢人现眼。"

看到或者听到这样的话，作为父母的我们可能会备感错愕。但这就是事实。针对这一现象，如果父母不尽快加以引导，听之任之，那么长此以往孩子就会陷入追求物质的泥潭而无法自拔。现在他可能只要件高档衣服，那么过些天可能又想要高档手表，再大些可能就要更奢侈的东西。这样下去，孩子的欲望必然会增长到父母无法满足的地步。那时的孩子，由于沉浸在对物质的极度追求和贪欲里，很可能会为了满足虚荣心而走上犯罪的道路。到那时，做父母的再后悔岂不晚矣？

因此说，父母担负着让孩子养成勤俭节约习惯、远离虚荣攀比心态的艰巨任务，而这也是每一个父母义不容辞的责任。

1. 别对孩子有求必应

现在，很多家庭因为大多只有一个孩子，父母都把他当成了全家的希望。于是就容易对他百依百顺，对他的要求是有求必应，不管是吃的穿的、玩的用的，只要他想要的、想做的，父母都会满足他，哪怕自己省吃俭用、清苦度日也要全力满足孩子。

曾有一个已经二十多岁的男孩，从小就过着"要星星给星星，要月亮给月亮"的生活。高中毕业后用父母辛苦借来的钱出国留学，实际上是出国混了几年，回国后还带回一个女朋友两人一起继续"啃老"，继续拿着父母的钱挥霍，搞得已经退休在家的老父母四处跑腿去为他找工作。

这种对孩子有求必应的做法看似是对孩子的爱，可是它最终只能让孩子变得懒惰、不负责任。这种结局想必是每个父母都不愿意看到的。

2. **帮助孩子制订消费计划**

美国的父母对孩子的理财能力的培养十分重视。比如他们在孩子八九岁的时候就要求他们能制订一周的开销计划，12岁时则要能制订约半月的开销计划。他们要求孩子通过做家务劳动等来挣得零花钱，因为挣得的零花钱有限，这就需要他能理性消费，根据自己的收入来计划支出。

有一个10岁的男孩和父母去了美国之后，父母听从了一个美国朋友的建议，开始按照美国的家庭教育方式开始教儿子理财。比如让他通过做家务来换取零用钱，而且还给儿子在银行建了一个账户。有了自己的零花钱和账户的男孩感到很开心，他更加努力地做家务以不断增加收入。他为了保证银行卡里的存款余额逐月递增，开始精打细算、量入为出。

在父母的教育影响下，这个孩子很少有浪费奢侈的现象，而是非常理性、非常有计划地支配他的每一分收入。

3. **教孩子客观地认识自己**

要对自己的优点和缺点有一个客观的认识，既不要过高地估计自己，也不要无视自己的短处。优点并不一定是自己比别人好的地方，缺点也不一定是自己不如别人的地方。并且，优点和缺点往往是相辅相成的，没有绝对的优点和缺点。如果孩子能客观地认识自己，即使自己不如他人，或者被人轻视，也能自我排遣，获得心理平衡，不至于用夸张或逃避的方式来保护自尊。

4. 教孩子正确地对待社会差别

社会有等级性，孩子也有等级观念。轻视弱者、尊重强者是客观存在的。一个不富裕的家庭背景可能会遭到他人的轻视，如果在乎这种轻视，他人可能会更加轻视。相反，如果不计较，也就少了几分烦恼，就不会做出伤害自己亲人或自己的事情。

当然，绝大多数孩子的虚荣心属于一般心理现象，不需要心理治疗，只要进行自我心理调节，战胜虚荣就行了。

但父母们也要认识到，凡是虚荣心强的孩子往往在其个性成长中，会出现诸如情绪不稳定、不认真学习、缺乏意志力等问题。总之，虚荣心对孩子来说是一种阻碍其健康成长的坏习惯，父母应采取必要的方法予以纠正。

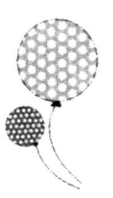

培养孩子良好的竞争习惯

思彤的父母为了不让女儿在未来激烈的社会竞争中惨遭淘汰，他们便运用一切能用到的方法来鼓励女儿参与到和同学们的竞争中。思彤也很争气，从小学到初中一直都是前三名，丝毫没有辜负父母对她的期望。

看到女儿所取得的成绩，思彤的父母备感自己的鼓励措施发挥了巨大功效。但是，就在思彤面临中考的时候，传来了不幸的消息。

原来，中考前进行的一次模拟考试，思彤没有像往常一样名列前三甲，只是取得了第五名。

这让一直没出过前三名的思彤难以接受。她反复寻找原因，最终确定是前面有两名同学在考试中有作弊行为。

一时气不过，思彤竟然拿出随身带着的水果刀，刺向其中一名同学，致使同学受伤。

看完这个故事，你或许深感错愕，仅仅一两名的成绩之差，就大打出手，现在的孩子这是怎么了？

追根溯源，我们可以从思彤所受的家庭教育上找到答案。她的父母望女成凤心切，希望女儿能取得好成绩，将来好适应社会竞争，于是就无所顾忌地鼓励女儿参与竞争。这样，孩子一旦受到丁点打击，就会承受不住。试想，如果思彤能够认识到胜败乃兵家常事，自己应该多从自身找原因，即使真的是同学作弊而超过自己，那岂不更证明自己实际能力比他们强吗？

可遗憾的是，她的父母没有培养她良好的竞争习惯，没有让她了解到竞争的意义。这种做法非但起不到推进作用，反而会导致孩子为了得到父母的夸奖而恶性竞争。

看完上述案例，想必每个父母都会为之震惊。但是震惊之余，父母们更应该意识到正确培养孩子竞争意识的重要性。

实际上，竞争本身存在着不利的一面。有些情况下，它会引起孩子的过分紧张和焦虑，导致能力差者失去信心。更为严重的是，当竞争被过分重视、一味追求优异的成绩和个人自尊心时，有些孩子就会迷恋于不择手段地提高自己的地位，把超过自己的同伴或者同学当作敌人，为了免除这种"威胁"和"挑战"，他们会产生超过别人或者忌妒别人的心理。

作为父母，要知道孩子的竞争心理是比较复杂的。他们往往有较强的自尊心，对于自己不如他人的现象无法接受，一旦自己遭受挫折和失败，容易在行为上走极端。

看看我们的现实生活，很多家长把高分看作孩子优秀与否的唯一标准，为此他们过度强调孩子的竞争意识。殊不知，这种做法，只会让孩子陷入分数的重压和包围之中，失去了学习的兴趣和积极性；同时导致他们既不能正确评价自己，又不能客观地评价别人，一旦自己有了点滴进步，便会沾沾自喜，可一旦失败，就会自暴自弃。这显然是因为别人的成功而让自己失去信心或者因为别人的失败而感到庆幸。这样的心理，能说正常吗？

因此，对于孩子竞争习惯的培养，父母一定要把握好尺度，不要陷入盲目鼓励孩子竞争的误区，正确的做法应该是有目的、有针对性、科学地引导孩子采纳与竞争。这样才能培养孩子良好的竞争习惯：

对孩子的评价切记客观，不要鼓励孩子与同伴、同学们进行攀比。

不要持有"成绩唯一论"的观点和认识，而要把竞争的内容放在较宽的范畴内，比如孩子的社交能力、品德修养、体育潜能、音乐天赋，等等。真正的竞争是综合能力的竞争，孩子可能暂时成绩落后，但是他的发展潜力却可能很大，如果是这样，那么孩子将来照样会取得生活和事业的成功。

多鼓励孩子参加合作关系的活动。如果用"唯我独尊"来表述现在孩子在家庭中的霸主地位，一点也不为过。这就导致他们不懂得尊重他人，不会为他人着想，总是我行我素。这种心理显然是难以和小伙伴友好相处的。如果你的孩子如此，那么他必将难以融入到集体生活中。

正因为这样，我们才更应该鼓励孩子参加一些合作关系的集体活动。那样孩子就会得到一定的锻炼，逐渐改掉"自我为中心"的毛病，特别是碰过几次钉子之后，他们会有意识地在之后的集体生活中多考虑他人的感受，从而学会如何与别人相处，体验到与别人交往带来的乐趣。

因此说来，为了避免孩子不良竞争的出现，做父母的就应该在日常生活中多给孩子一些关注和引导，让孩子能够正确地面对竞争，这样他才能成为一个扛得住失败，并努力克服困难的小英雄。

给孩子穿上"宽容"的罩衣

蓁蓁刚穿了一身很漂亮的裙子,让周围的同伴们很是美慕。可是,同桌梅梅不小心将钢笔水甩到了蓁蓁身上。这下蓁蓁可恼了,吵着非让梅梅赔自己,而且还拿起钢笔朝梅梅身上甩,最后又把梅梅告到老师那里。

晚上回到家,蓁蓁依然气呼呼的,她把这件事告诉了妈妈。妈妈听了,很温和地说:"蓁蓁,谁都难免有失误的时候,你的同桌又不是故意的,你那样对她是不对的。"

蓁蓁却听不进妈妈的话,依然据理力争:"可是,妈妈,那可是我今天才穿的新衣服呀,而且花了你那么多钱呢。"妈妈笑了笑:"我知道啊,但是弄脏了,妈妈可以再给你买一件新的,但你的同桌不是故意的,她受到了批评,你想过她的感受吗?"听了妈妈这番话,蓁蓁不言语了,而是仿佛想起了当时的情景,她对妈妈说:"当时,梅梅就哭了。"

第二天一到教室,蓁蓁就很真诚地向梅梅道歉,两人依然是要好的朋友。

美国著名文学家爱默生曾经说过:"宽容是一种雅量、文明和胸怀,同样也是一种境界。宽容了别人就等于宽容了自己,宽容的同时,也创造了生命的美丽。"

毋庸置疑,宽容是一种美德,一个懂得宽容的孩子无论在什么时候,都懂得珍惜自己身边的每一个人,他们的生活是轻松和快乐的;一个懂得宽容的孩子无论遇到什么样的事情都不会斤斤计较,他们的性情是和蔼的,他们可将消除很多的矛盾,同样也具有化干戈为玉帛的能力。一个宽容的孩子,无论他们的脚步走到哪里,他们总能够得到别人的爱戴,能够拥有新的朋友。

然而,在生活中,很多父母却反映了很多令人苦恼的现象:

"我儿子3岁前很乖的,可现在动不动就大哭不止,好像受到多大委屈似的。"

"不知道怎么回事,我女儿在家里和我们相处还挺和睦,可在学校却经常和同学产生矛盾,开家长会时老师都提过好几次了,真让我没面子。"

"我孩子在家的时候还可以,但在学校却经常和同学产生矛盾,每次去开家长会我都感觉好没有面子。"

……

诸如此类的现象在我们生活中并不鲜见。在孩子的这些坏毛病面前,父母们深感无奈,不知所措。

实际上,孩子之所以如此苛刻,不懂宽容,根本原因是由于孩子天生敏感度比较高,一点点刺激就可能让他们大发雷霆,用哭泣、发脾气来表示自己的不满和愤怒。更有甚者,还会采取报复的形式,将自己的不满发泄在别人的身上。

这种做法的害处可想而知,它不仅不利于孩子的身心健康,还会为他们未来的人生和交际设下绊脚石。所以说,为了孩子的幸福,为了孩子未来的人生,父母在孩子年幼的时候,就应该培养孩子宽容的心态,让他们摒弃憎恨、报复等心理。

1. 懂得分享的孩子心胸更宽阔

通常来讲，一个孩子如果懂得分享，那么他的性情多是温和和善解人意的。所以，要想让孩子心胸宽阔，父母有必要教会他学会分享。吃的零食，玩的玩具，一次游玩后的心情都可以成为孩子和同伴分享的内容。

小来是在单亲家庭中长大的，但是因为她有一个知书达理、善良宽容的妈妈，因此小来的成长一点不逊于别人，而且比起同龄人来，小来的知识储备、品德修养等都有过之而无不及。

妈妈常这样教导小来：不能祈求别人做什么、怎么做，我们能做到的只是要求自己做什么和怎么做。对于我们所拥有的，不管是旅行中的见闻，还是一份愉悦的心情，都可以拿出来和朋友分享，这样别人才会更喜欢和我们接近。即使不喜欢也无所谓，我们只当对方对此不感兴趣好了，而不要因此耿耿于怀。

在妈妈的教导下，小来成长为一个健康、活泼、宽容的孩子，周围总是围绕着很多好朋友。

2. 时刻提醒自己注意日常生活中的一言一行

在孩子眼里，父母是了不起的，是正确的。因此他们喜欢模仿父母的样子说话、做事，甚至思考。所以，要想让孩子做到宽容，父母首先要懂得并做到宽容。

在与邻居之间产生矛盾的时候，自己不要斤斤计较，要懂得宽容别人；在买东西的时候不要因为一点点的缺斤少两就和卖方争吵不停，尤其是带着孩子逛街的时候；当父母说自己哪里不对的时候，自己不要"顶嘴"……总之，只有父母做到了和同事、家人、邻里和谐相处，孩子才可能成为一个懂得宽容、心胸宽广的人。

3. 鼓励孩子走出自己的"小小城堡"

孩子只有眼界开阔，心胸才会越来越开阔，而开阔孩子眼界的最好方法就是让孩子亲近大自然。大自然可以陶冶孩子的情操，可以让孩子烦躁的心绪找到慰藉。大自然犹如一本百科全书，当孩子不断阅读并深领其中的奥秘时，他们就会懂得怎样生活，同时也学会了怎样宽容别人。

节假日里，父母可带孩子去郊游，或者到无边无际的海边游玩，让孩子尽情地享受大自然的美丽。

当孩子学会了分享，并感受到分享带来的快乐；当父母做好了榜样，并能够持之以恒，相信孩子就可以摒弃心中的狭隘心理，成为一个懂得宽容的人。

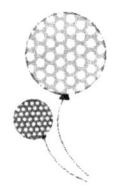

正确批评，给孩子前进的动力

梓勋虽然头脑聪明，活泼开朗，但因为他总是做事有始无终，使得父母很为之头疼。他们发现，梓勋做事一开始都是信心十足的样子，可每当遇到点困难就打退堂鼓。

爸爸妈妈经过反思他们对孩子的教育，找到了症结所在。原来，他们一直都信奉要对孩子进行赏识教育，可是显然，现在孩子表面上看来是自信满满，可实际上在面对困难的时候还是只做"表面文章"，真遇到问题了，就以一副"这个问题我不行"的态度偃旗息鼓了。

梓勋的英语成绩一直不好，导致他对英语越来越没信心。前段时间，梓勋的英语考试成绩只有63分，在班里属于下游水平。

回到家，梓勋把试卷拿给妈妈看时，妈妈为了让儿子保持信心，就说："梓勋，你这次考试进步很多了，你看看，后面的阅读题目都能作对一道了，我记得以前你后面的阅读题都做不对的。再接再厉，其实你很棒的，你知道吗？"对于妈妈这样鼓励的话，梓勋早已经习以为常了，他垂头丧气地说："这破英语也太难学了，我天生就不是学英语的料，哪像数学，我都能考90多分。"

这时候，梓勋的爸爸拿起了他的考卷，看了一会儿，他把梓勋叫了过去，表情严肃地说："咱们来分析一下你丢分的地方。你看，这个单词你把两个字母写颠倒了，是真的不会呢，还是马虎大意？我看，就是你的态度不认真，太粗心大意，马虎了！"看着爸爸有些严厉，梓勋低头没有出声。爸爸接着说："因为你的学习态度不认真，所以养成了一种消极的习惯了。"听着爸爸少有的严厉的话，梓勋抹起了眼泪。

从那以后，爸爸经常检查梓勋的作业和习题，一发现有不满意的地方就批评他。时间一长，梓勋的英语成绩还真的提高了不少，最重要的是他现在在学习态度上很端正，遇到难题也会努力求解了，自信心提高了很多。看着儿子的进步，梓勋的妈妈笑着对老公说："你还真有办法，用批评就让孩子自信起来了。"

不可否认，赏识是培养孩子自信心最有力的教育方法。但是，孩子毕竟只是孩子，一味地赏识也容易令孩子的自我定位出现偏差。这样，稍遇困难挫折，孩子就会不知所措，灰心丧气。可见，要培养出自信的孩子，恰到好处的批评纠正也是不可或缺的。

实际上，恰到好处的批评也是促进孩子进步的一种动力，它能使孩子客观地认识到自己的不足和不优秀的原因，从而有意识地改正自己的错误、弥补自己的缺陷。长期下去，孩子就能取得让自己满意的进步，从而树立踏实而科学的自信心。

合理的批评应该是教育的辅助手段之一。苏联的著名教育学家马卡连柯曾经指出："批评应当是教育"，"合理的批评制度不仅是合法的，而且也是必要的"。青少年研究中心的专家也说过，没有批评的教育是不完善的教育，没有批评的教育是一种虚弱的教育、脆弱的教育、不负责任的教育。

因此，从父母的教育方式上来说，合理的批评是正当的教育行为，这关系到孩子的自我评价、自信水平和健康成长，是家庭教育中不可替代的方法之一。合理的批评能帮助孩子学会自律、自我约束，能使孩子明白做什么事情是对的，为什么要坚持下去，什么事情是做不得的，应当怎样改正，能帮助孩子建立自信，教会孩子自己学会做判断、作决定，增强他们的心理承受能力，磨炼他们的意志。

可见，对于孩子的教育，一味地夸奖、表扬并不一定就能收到良好的效果。就培养孩子的自信而言，恰当的批评也是一种好方法。

1. 在合适的时间和场合下批评孩子

批评不要不分时间和地点，那样不但不会达到批评的效果，反而可能会引起孩子心情和身体的不良反应。我们建议，对孩子进行批评尽量不要在清晨、吃饭时、睡觉前。

这是因为，在清晨批评孩子，很可能会把孩子本该拥有的一整天的好心情都给破坏掉；在吃饭的时候批评孩子，肯定会影响孩子的食欲，这样自然对孩子的身体健康很不利；如果在睡觉前批评孩子，那么孩子会带着被批评的懊恼情绪进入睡眠，这样对孩子的身体发育也是不利的。

另外，批评的场合同样需要注意，我们建议父母不要在公共场所、当着孩子同学朋友的面、当着众多亲朋的面对孩子进行批评。

这是因为，孩子往往有着很强的自尊心，在公开场合批评孩子，会让孩子感觉很没面子，会打击孩子的自信心，而且还有可能会引起孩子对父母的不满或者憎恨，影响亲子关系和感情。

2. 批评孩子之前要让自己冷静下来

当面对孩子的错误，尤其是比较大的错或者屡错屡犯时，做父母的，难免心情烦躁，情绪波动较大，这样的情况下，很容易说出对孩子不应该说的话，从而对孩子产生不良影响。

正确的做法是，不管面对孩子犯下的什么错误，在批评孩子之前，父母先要强迫自己冷静下来。只有冷静，才能对孩子所犯错误有一个客观公正的评判，才能有利于问题的解决，从而帮助孩子找到犯错的原因和改正错误最好的方法。

3. 允许孩子作出解释

有时候，父母由于对情况了解得不够全面，可能会做出不符合事实的批评。在这种情况下，要允许孩子作出解释。如果强迫孩子接受自己的批评，那么孩子只能虚假地接受，而心里却大感委屈。总之，当孩子犯错后，不要剥夺其说话的权利，而要给孩子一个申诉的机会，让他把自己想说的话和盘托出，这样父母会对孩子所犯的错误有一个更全面、更清楚的认识，对孩子的批评会更有针对性，也让孩子能心悦诚服地接受自己的批评。

与此同时，父母也要让孩子明白，允许他解释，并不是让他来推卸应负的责任。在孩子解释时，父母也要要求他心平气和、实事求是。

总之，如何让孩子对自己做出正确的、客观的评价，批评的作用是不可忽视的。父母恰如其分的批评，往往能让孩子更全面地认识自己，从而保持长处，弥补不足。这对于孩子建立起踏实而科学的自信无疑非常重要。所以，偶尔对听惯了赞誉之词的孩子"泼一下凉水"未尝不是一件好事。

改变孩子"唯我独尊"的观念

一个周末的上午,乐乐约了几个小伙伴到自己家玩耍,几个孩子在一起玩得开心极了。

11点半的时候,乐乐妈妈告诉小朋友们:"你们一会儿给爸爸妈妈打个电话,告诉他们一声,今天都在我家吃中午饭了。"一向热情的乐乐也带头鼓掌,大喊着"老妈万岁"。

可是,小朋友君君却说,我妈妈跟我说过,中午的时候必须回家,我不能在这里吃。

乐乐的妈妈也同意了。可是乐乐却把眼睛一瞪,冲着君君说道:"在我家你就必须听我的,我说什么就是什么,你中午不能回家,在我家吃饭就可以了。"

君君是个有些内向的小男孩,被乐乐这么一嚷,感到很委屈,小声对乐乐说:"可是,我妈妈还在家里等我呢。"乐乐二话不说,拉着君君就往门外攥:"算了算了,你快走吧,下次再也不让你来我家玩了!"

此时,乐乐的妈妈听到声音,忙从厨房里跑出来,了解了情况后,对乐乐说：“乐乐，你应该体谅君君，站在他的角度想想，如果我和爸爸在家里等你，你却不回来，我们不是也会着急吗！"

案例中乐乐的表现有明显的唯我独尊的架势。不懂得从别人的角度着想，而是像个小霸王一样凡事都"我说了算"。这样的孩子，看上去自信、威武，但往往难以获得真正的友谊。试想，有哪个孩子甘愿被另一个孩子"统治"呢？

然而现代家庭中，这种孩子却很常见。究其原因，多是因为父母的教育不当造成的。我们常会注意到，有时候孩子犯了错误，父母为了不伤害孩子，就睁一只眼闭一只眼，让孩子蒙混过关；当孩子和其他小朋友发生矛盾的时候，有的父母不但不责备自己的孩子，反而劝慰孩子，拿别的小朋友来说事儿……其实，类似这样溺爱的表现，正是导致孩子以自我为中心错误心理的根源，这种心理对孩子的成长乃至一生的发展都很不利。

除了溺爱的因素，导致孩子"唯我独尊"心理的因素还有很多。比如，很多父母在教育孩子的时候，总是告诉孩子"自己"该如何如何做，"自己"怎么样，而很少教育孩子从别人的角度出发。这样一来，无形中就教会了孩子"以自我为中心"，阻碍孩子身心的健康发展。我们不妨来看看下面这些生活中的小细节：

饭菜端上餐桌，先把好吃的往自己这边拿，而不考虑爸爸妈妈也会喜欢吃；看电视的时候，把声音开得很大，而不去考虑在书房看书的爸爸和在一旁休息的妈妈；在学校里，当发现自己的课桌上布满尘土，拿起邻桌的书本就擦，而不考虑别人也爱讲卫生；给姐姐买的新衣服，自己穿上即使大很多，也非要夺过来……

诸如此类的细节是不是很常见？从中不难看出，当今社会，孩子"唯我独尊"的心理已经越发严重，成为了每一位家长朋友迫在眉睫的难题。就像著名的教育家苏霍姆林斯基说的一样："在教育孩子的时候，最重要的是让她体会到为父母、为朋友而劳动的自豪感。当孩子的眼中闪烁着这种自豪感的时候，人性才真正地依附在了她的身上。"

人性是什么？从我们本节的内容来说，就是不要让孩子以自我为中心，多从他人的角度考虑问题。这样，孩子长大后才更容易在社会上立足，才更容易得到别人的喜欢和帮助。

1. 让孩子知道"别人"很重要

孩子成长得如何，很大程度上取决于家长的教育。很多孩子之所以会产生"唯我独尊"的心理，就是因为父母的教育方式，让他们忽视了"他人"，只看到了自己的喜怒哀乐。所以说，父母要不断地引导孩子想到"他人"，让孩子明白自己的行动不仅与自己有关，与"他人"其实也有关。

在告诉孩子"他人"很重要的时候，父母不要总是片面地告诉孩子"自己该怎么做"或者"为他人，自己要怎么做"。这样的教育方式不是最为完整的，只有双管齐下，两者都强调才是最为明智的做法。

乔乔要和几个小朋友一起郊游，在出门的时候，妈妈就千叮咛万嘱咐："自己在外不要调皮，要遵守交通规则，不要乱闯红灯。"乔乔很不耐烦地说："妈妈，我知道了，你就不用管了。"这时候，爸爸走了出来："乔乔，你还要记住，晚上早点回家，爸爸妈妈在家里会惦记着你的。"

其实，乔乔妈妈说的话就是在教育孩子要注意"自己"的安全，"自己"要怎么做；而爸爸的补充则让乔乔能够为"他人"着想，告诉她，自己的安全与爸爸妈妈也有关。显然，爸爸的教育比妈妈更胜一筹，它不仅教会孩子注意自己，同时也知道了"他人"的重要性，如此一来，"他人"就会在孩子的心中提高地位。我们相信，只要您能够不断地给孩子以引导，孩子身上的"利他行为"就会不断增多。

2. 教导孩子要懂得换位思考

换位思考就是站在别人的角度去看问题，而不是一味地站在自己的角度，只顾及自己的得利与否。很多孩子在小的时候就很容易产生错误的心理，不懂得站在别人的角度分析事物。

兵兵今年已经5岁了，有一次和妈妈逛街的时候，她们看到了一个没有双腿的残疾人正在上一个台阶，那人用尽所有的力气，加上自己不太优美的姿势，最后成功地上了台阶。可是这时候兵兵笑道："妈妈，刚才那个人的姿势真难看。"

这时候，兵兵的妈妈严肃地告诉她："兵兵，那个叔叔的姿势是不好看，但是你有没有想过，虽然他是一个残疾人，但是他却能够凭借自己的能力登上了台阶。"兵兵听后惭愧地低下了头。

在孩子嘲笑别人的缺点时，父母们要像兵兵的妈妈一样，引导他从他人的角度去分析问题。只有这样，孩子才能够时刻为他人着想，即使遇到了什么棘手的问题，他也可以全面地去分析，并做出最为完美的解决方式。

3. 在鼓励中让孩子明白对"他人"的影响

其实，孩子小的时候就已经具备了很强的动手能力，所以父母要放手让他们研究一些东西，他们一旦完成了某件事情，父母就会给予鼓励。比如，当孩子把自己的房间打扫得非常干净整洁的时候，父母经常会说："女儿真能干，把房间打扫得这么干净。"其实，遇到这样的情况，我们可以换一种方式去夸奖孩子："女儿真能干，房间打扫得这么干净，妈妈觉得，谁待在这个房间都会感到舒服的。"显然，这样夸奖的结果不仅让孩子感觉到自己的能干，还让她知道了自己的劳动还可以给别人带来好处。

如果您也能够将类似的夸奖方式正确地运用，那么在不久的将来，你的孩子就会告别"唯我独尊"的错误心理，能够更多地从"他人"的角度来考虑问题了。

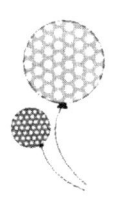

引导孩子把错误转化成锻炼的机会

澈澈是个10岁的小姑娘,性格开朗,爱好广泛。由于好奇心强,澈澈时不时地要做一些父母允许范围之外的事情。

比如,有一天周末,澈澈把作业做完后想出去玩,可天下雨了,爸爸妈妈不同意冒雨出去。澈澈为此有些不开心,当看到妈妈从米袋子里舀米的时候,她忽然有了主意。于是,趁着妈妈不注意,澈澈偷偷到厨房的米袋子里抓了一些米,然后放到自己房间的地板上踩着玩。

澈澈的做法还是被妈妈发现了。妈妈并没有批评她,而是温和地对澈澈说:"澈澈,妈妈知道你想出去玩,可是你感冒刚好,在这种雨天里出去对身体很不好,万一再被淋感冒了,你又要打针吃药的,多痛苦呀!你如果是和妈妈赌气抓大米出来踩,那么你想没想过,大米是我们吃的粮食,是农民伯伯辛辛苦苦种出来的,爸爸妈妈又用钱从市场上买回来。你常给我们背诵那首《锄禾日当午》,里边告诉我们要珍惜粮食的话,你难道忘了吗?"

澈澈听了妈妈的话,有些不好意思了,低头不语。妈妈接着说:"这件事虽然不该做,但也不是什么大不了的,妈妈觉得,你还是很有创造力的,居然能够把大米当玩具，而且玩得不亦乐乎。这也是你能力的体现呀，妈妈为此感到开心呢。"

听妈妈这么一说，澈澈刚才的情绪逐渐消失了，因为她看到了妈妈从自己错误行为中寻找到值得肯定的地方。澈澈平静地看着妈妈，说道："妈妈，踩大米的确是我的不对，我只顾任性要出去玩，没想到你们会担心我的身体。以后我不会拿大米玩了，不过我可以找一些家里没什么用处的东西做替代品，把它们开发成我的玩具。妈妈你看怎么样？"

此时的澈澈妈，早已笑得合不拢嘴了。

我们常说，孩子是在错误中不断成长起来的。作为父母，必须允许孩子犯错，同时还要正确地对待他们犯下的错误。任何一个人都有犯错的时候，何况是年幼的孩子。由于孩子的好奇心强，在丰富多彩的现实生活中，他们总喜欢不断地探索，来满足自己的好奇心。

也正是在这种好奇心的驱使下，孩子会习惯性地去做一些或许不该做，不能做的事。在他们看来，结果怎样不重要，自己先做完再说。

面对这样的情况，作为孩子的父母，你是怎样做的呢？是慢慢地引导自己的孩子，让他知道什么事情可以做，什么事情该做，还是不分青红皂白地对孩子进行"严刑拷打"？事实证明，很多父母在这种情况下，很难做到理性，而责怪甚至打骂就是父母常用的解决方式，以求让孩子记住以后不能做这样的事情。

殊不知，父母这样做不仅伤害了孩子强烈的自尊心，同样也很大程度上影响了其心灵的成长。父母只有正确地面对孩子的错误和盲目，理性地帮助孩子分析错误的原因，才有可能让孩子的错误演变成锻炼的机会。

1. **帮助孩子分析失败的原因**

俗话说"人非圣贤，孰能无过"，做了父母的我们，在日常生活和工作中也难以做到万无一失，更何况是涉世不深，各方面还未发育成熟的孩子。所以，父母们要认识到，孩子犯错是在所难免的，重要的是作为父母，我们要理性地对待孩子的错误，并帮助他们分析错误的原因。

不仅如此，父母还要清楚一点，孩子往往经验不足，欠缺辨别能力，他们习惯模仿周围的人，这也是他们犯错的一大因素。所以在平时的时候，要让孩子远离那些有关犯罪或者凶杀暴力的图片、内容。在陪伴孩子的过程中，父母要多和孩子进行沟通，及时了解孩子的内心，看看有无存在扭曲和缺陷。一旦发现不良苗头，父母就要做一个好园丁，将这棵有可能长歪的小树扶正了。

2. 借助孩子的其他优势激励他

当孩子犯错后，父母不要一味地批评和责骂，而应该与孩子进行心与心的交流。适当的时候，父母还应该对孩子进行一定的表扬，让他在错误和失败中寻求到一种心灵的慰藉。

溪溪最近在学校举行的智力比赛中表现不佳，因此她的心情非常地糟糕。为了让女儿能够从失败的阴影中走出来，溪溪的妈妈决定周末带她去捏泥塑。在捏的过程中，妈妈没有过多地指挥孩子应该怎样做。

在捏好后，妈妈很惊讶地说："溪溪，你太厉害了，你刚才捏的那个妈妈只教了你一遍，你居然捏得比妈妈的还要好，太了不起了！"听了妈妈的话，溪溪的脸上终于露出了笑容，那天，她们玩得非常开心，溪溪几乎将所有不开心的事情抛到了九霄云外。

实际上，孩子犯错并不可怕，可怕的是，父母不知道怎样让孩子从错误或失败的阴影中走出来，让孩子重拾信心。溪溪妈妈的做法是很明智的，她懂得通过优势来激励孩子，让孩子对自己有个全面的认识，而不是一直沉浸在失败的阴影中无法自拔。作为父母，我们就要像溪溪妈妈这样，时刻关注孩子身上的优势，以便帮助其在遇到挫折和失败的时候能够积极应对。

3. 让孩子积极去尝试

当遇到困难的时候，很多孩子都会选择拒绝尝试，这个时候很多父母就可能采取不同的方式来应对孩子的拒绝：让孩子将目标设定为"试一试"，而非成功；还有的父母就是直接顺水推舟，剥夺孩子尝试的机会……殊不知，这样的做法很大程度上阻碍了孩子的成长。

聪明的父母是不会这样做的，他们会及时地鼓励孩子抓住尝试的机会，会告诉孩子，即使失败了也可以获取很多的经验，当然能够成功是再好不过的了。这样的父母是理智的，他们始终认为，即便是失败，也要让孩子从中有所收获；尝试不一定能够获得成功，但是，不尝试则永远不会成功。

错误不可避免，有的人从错误中获得经验和教训，有的人则因为错误而消极气馁。为了让正在成长中的孩子不被失败打倒，父母们就要寻找方法，帮助孩子走出困惑，重拾信心。

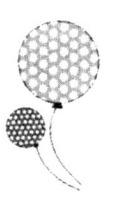

让孩子学会接受自己的不完美

笑笑是班里的第五小组的组长,每周五负责带领该组的5位同学做值日。

这天周五,轮到笑笑他们组值日了。就在笑笑扫地的时候,班主任陈老师走过来对他们说:"今天第五小组的同学打扫完卫生后,记得把教室的窗户和门关好。"笑笑满口答应着。可是,等打扫完卫生,笑笑光想着6点播放的《奥特曼》了,把老师说的关窗一事忘到脑后了,其他几个同学也没记住。就这样,教室里的窗户就一直开了两天。

周一早晨,笑笑刚走到教室门口,就听见陈老师在教室里面询问:"星期五是谁值日的?""是我们组,陈老师。"笑笑站在门口,不知道发生了什么事情。"周五临放学前,我不是提醒你走前关窗户的吗?"陈老师质问笑笑。这时候,笑笑才突然想起来,因为那天急着赶回家看电视,自己打扫完卫生忘关窗户了。

"周六刮风,撞碎了好几块玻璃。这周的教室卫生都由你来负责!"陈老师宣布完惩罚结果,走出教室,剩下笑笑一个人低着头站在原地。

放学回家后,笑笑妈看女儿闷闷不乐地把自己关在房间,也不出来看电视，有些担心："闺女怎么了？谁惹你不高兴了？"

于是，笑笑就把今天在学校发生的事情告诉了妈妈，妈妈听后不但没有指责她的粗心大意，反而安慰她道："别难受，咱们认真汲取这次的教训，下次做事细心点就是了。""我真没用，连这么简单的事情都做不好！"笑笑非常沮丧，没了一点自信。"傻孩子，谁都会有因为粗心犯错误的时候，爸爸妈妈也犯过这样的错误呢。"笑笑妈表示对女儿的理解。"真的吗？"笑笑对妈妈的话将信将疑。"嗯，只要你知错就改就是个好孩子！"妈妈鼓励着女儿。听了妈妈的话，笑笑终于露出了开心的笑容："那我以后一定注意，再也不犯这种粗心的错误了。"

或许是孩子本身性格的原因，也或许是受到父母及别人影响导致，我们会发现一些孩子身上带有追求完美的成分。做一件小事，他们也要尽力做到万无一失，这种表现固然会精益求精，但孩子的这种心理则会导致他们害怕犯错，害怕自己做不好。

一旦发生了错误，他们就自怨自艾，觉得自己很不中用。这时候，父母的引导就显得尤为重要，如若不然，长此以往，这种追求完美的心理会阻碍孩子健康地成长。

对于"金无足赤，人无完人"这句话，爸爸妈妈们都不陌生，它是在告诫我们：在这个世界上，十全十美的事物是不存在的，完美的人也是没有的。一个再优秀的人也会有自身的缺点错误，也会有面对失败与挫折的时候。而对于孩子们来说，因为年纪小、阅历浅、心智尚未成熟，他们往往不能正确地看待学习生活中的失败与挫折。为此，做父母的应尽力引导孩子能够正确看待生活中的挫折和失败，并适时地鼓励孩子，让孩子学会接受自己的"不完美"。

1. 防止孩子因失败而出现消极态度

孩子受惯了表扬，有时候遭受一点失败或挫折，就深感自卑、沮丧，消极态度像龙卷风顷刻间袭卷他们的心理，让他们从此一蹶不振，甚至失去勇气和信心。面对这种情况，父母千万不能责怪孩子，对他进行冷嘲热讽，而要安慰他、鼓励他、支持他。

孩子的考试成绩退步了，正为此感到难过。这时，父母可以告诉他，或许这只是偶然因素，这也只能说明前一个阶段的学习情况。虽然你暂时有点落后，但是只要你努力，下次肯定能赶超上来的；当孩子遭受小伙伴的冷落时，父母不要奚落孩子连个好朋友都交不到，而应该敞开怀抱告诉孩子，谁都可能失去朋友，但是只要觉得自己做得问心无愧，在往后的日子里，还会交到好朋友的。再说，在没有好朋友的日子里，还有爸爸妈妈这两个大朋友陪伴着呢！

相信，孩子听了父母这样的话，就会将原本放在无谓的感叹上的注意力，转移到积极的方向上来，从而可以重新振奋勇气、重拾信心。

2. 引导孩子从失败中获取战胜困难的力量

一位著名的经济学家曾把"接受不完美"作为其人生的哲学理念。他认为，不完美是人性的一部分，我们在失败和失误面前，不能抱有消极的态度。他说："对我来说，承认自己的错误是一种骄傲，一旦我们认识到理解上的不足是人类的先天性特征，犯错就没有耻辱可言，耻辱的只是不能纠正错误。"

父母对孩子的教育又何尝不是如此？在孩子犯错后，父母要做的是引导他把经验和教训看作宝贵的、扎实的礼物，因为这些都是他用沉重的代价换来的。只有总结出失败的教训，才能让自己增长经验、磨炼意志，为将来的胜利打下基础。

说到底，孩子的内心都是敏感而脆弱的，他们希望自己什么都好，企图让自己成为一个永远不会犯错的"神童"。可是哪有不犯错的人呢，更何况是孩子？当孩子因为犯错误而有一种挫败感的时候，父母千万不要指责或者对孩子的感受漠不关心，而要引导孩子正确看待挫折，这样才能帮助他们尽快走出失败的阴影，重新踏上光明的旅途。

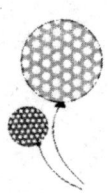

引导孩子学会适时地自我反省

德阳和云涛是穿着开裆裤一起长大的两个孩子。从幼儿园到小学都是要好的朋友,一直形影不离。同时,他们俩性格也都近似,都是活泼开朗,要强好胜。不过他们俩在为人处世的方式上截然不同。

读小学四年级的时候,德阳和云涛被分到了同一个班里。这时候,两个好强的孩子都想当"官"。可是,老师只给了他们俩每人一个无足轻重的"职位":德阳是生活委员,云涛是劳动委员。虽然如此,云涛什么也没说,只是默默地做着自己该做的工作,而且很爱帮助同学,比如作业不多的情况下,他会留下来和做值日的同学一起打扫教室卫生;有的同学课桌螺丝松了,他会找扳手来拧紧……不到半年的时间,云涛深得老师和同学们的好评,下学期班干部换届选举的时候,云涛被民主选举当上了班长。

而德阳则不同,他先是抱怨生活委员很辛苦,又不讨好,后来连自己的本职工作都懒得去做了,喊操的时候常常无精打采,一段时间后,被老师撤职了。

看完这个案例，可能你会说，现在像云涛这样的孩子实在是不多呀！没错，我们身边的确更常见的是德阳这样的孩子，他们在对待生活和学习的时候，常常抱怨自己学习不好、抱怨老师偏心、抱怨命运的不公平，却很少反思自己：我有哪些地方做得不够好，有什么缺点需要改正？

在前面的内容中，我们就曾提到，没有不犯错的人，也没有没缺点的人，任何人都有平凡的一面，同时无可避免地犯错误。但是面对错误和缺点，关键是我们抱有什么样的态度。如果一味地抱怨他人或环境，则永远无法认真做事，更不可能取得成功，而只有懂得不断反省，做到扬长避短，才能取得应有的成就。

身为父母，我们需要认识到这一点。所以，在孩子成长的过程中，我们要及时对他们进行指导，让孩子做一个能够自我反省和自我修正的孩子，只有这样，他才能更好地成长。

要知道，一个不会自我反省的孩子永远也长不大，一个不懂反省的人也不可能取得骄人的成绩。只有认真反省并及时修正错误之处，才能不断调整自己的情绪和认知的准确度。一以概之，孩子学会了自我反省，就等于具备了自我完善和成长的绝密法宝。

1. 让孩子学会接受批评

法国心理学家高顿教授通过一项专题研究证实，那些难以接受批评的孩子长大后，大多会对批评持"避而远之"或干脆"拒之门外"的态度。但是，现在看来，我们的孩子大多是喜欢表扬，而很讨厌批评的。因此，为了让孩子将自我反省运用到成长的过程中，父母就有必要让他学会接受别人善意的批评。这不仅能够塑造孩子完整的人格，而且可以帮助孩子在其他方面取得成功。

2. 让孩子学会总结经验教训

事实上，总结经验教训就是对自我行为的一种反省。例如，一个孩子和小朋友之间产生了矛盾，如果他在打架的时候吃了亏，那么他会考虑："上次和别人发生矛盾，我用'武力'来解决问题，结果吃亏了，被人家打了。那么以后再遇到同类的问题，我是不是能找到更好的解决办法呢?"

此时，父母不必将自己的价值观强加到孩子身上，而只需引导即可。父母可以说："怎么会出现这种结果呢，你好好想一想，如果用妈妈跟你说的方法去做，结果会怎样呢？""有时候，你需要听听他人的意见，这样就会避免一些问题。"而不应该说："我早就跟你说过了，你就是不听，现在尝到苦头了吧？""不听老人言，吃亏在眼前，说的就是你这种人呀！"

显然，第二种论调只会加剧孩子的逆反心理。而第一种语气，则更容易让孩子接受。一旦孩子学会了经常总结经验和教训，就等于他已经能够学会了自觉地进行反省，这对他的人生将会起到极大的作用。

3. 引导孩子预见事物的后果

由于孩子想法单纯，有时候他们做事会很冲动，根本不考虑后果，或者说他们能够预见到的后果和成年人能够预见到的是不一样的。这时候，就需要父母给予适当引导，如果孩子还不能和你一样思考问题，那么你不妨让孩子尝试一下，可能会得到出乎孩子意料的结果。到那时，孩子就学会反省自己的行为了。

反省能力的重要性，想必您已经感受到了。纵观古今中外，很多成功人士在介绍自己的成功经验时，都会提到自我反省的能力。对孩子来说，自我反省的能力不仅能加快孩子成长的脚步，还会让他在生活的方方面面做得更加完善，从而可以扬长避短，发挥自己的最大潜能。既如此，父母们就赶快行动起来，培养孩子的自我反省能力吧！

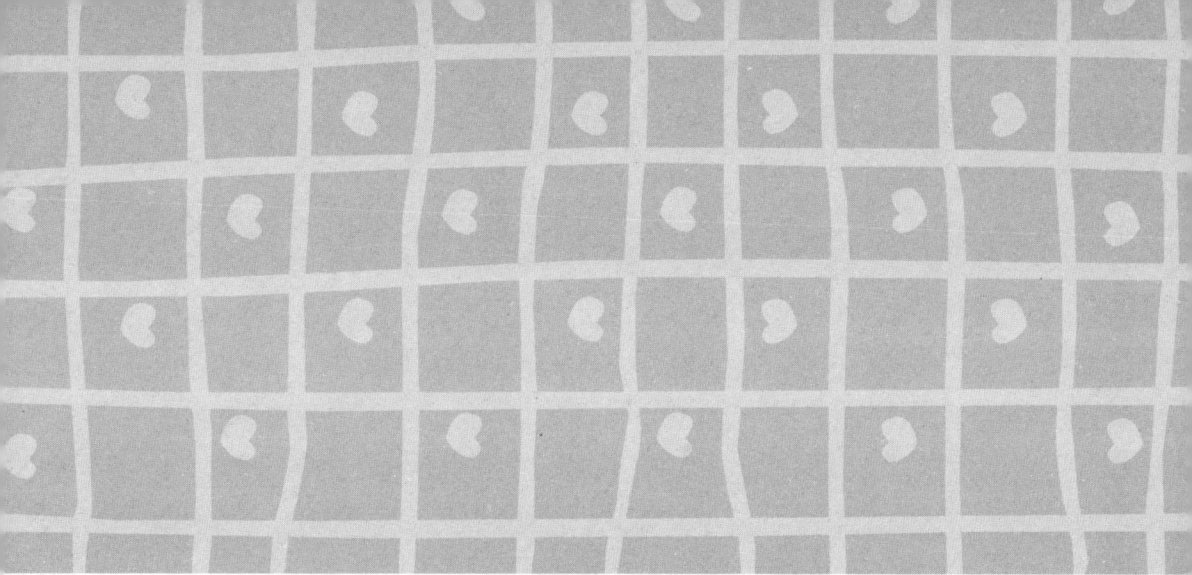

第四章
培养顶天立地的小大人，
抗挫折的孩子能抗事

如果把人生比作一场马拉松比赛的话，那么人生的过程就是不断克服各种各样的干扰和困难，直至到达终点。要想培养一个顶天立地的小大人，就要放开我们安全的大手，让孩子自己去感受成长中克服困难的艰辛！孩子不是大人的木偶，作为家长应该放开双手，还给孩子自我成长、自我生活的机会。这样，孩子才会自信、独立、积极地成长。

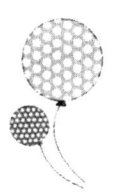

帮孩子克服胆怯心理，勇往直前

孙女士的女儿元元是个聪明漂亮的小姑娘。可是元元总是很胆小，在陌生环境里从不敢说话，即使有客人来自己家，也总是能躲就躲。

一次，孙女士带着女儿到小区花园里散步，碰巧遇到同楼的邻居杨阿姨。杨阿姨看到元元，便顺便问了一句元元的学习怎么样。元元赶紧躲到妈妈身后，使劲拽着妈妈的衣角，央求赶紧回家。

平时在学校的时候，元元也非常内向，不到万不得已坚决不会与老师及同学进行交流，而且每次和老师说话都会面红耳赤。

女儿如此胆怯，这让孙女士很犯愁，真不知道元元将来怎么能够独自面对复杂的社会。

稍微留意一下，我们不难发现，现在很多孩子存在着胆小、怯懦等现象。他们害怕和陌生人说话，害怕去陌生的环境。究其原因，主要是因为现在的孩子大多没经历什么风吹雨打，过惯了养尊处优的生活。在这种安逸的享受中，孩子习惯了父母的呵护，失去了冒险、探索等本该具有的性格和行为习惯。

这不得不让父母们反思，看看我们对孩子的教育，在智力投资上不惜成本，只要有利于孩子智力发育的，就可以大把地花钱。可是却很少在培养孩子勇敢的品质上下功夫。

如果家长忽略了对孩子勇敢精神和刚强意志的培养，那么孩子就会变得胆怯、怕生，遇到事情畏首畏尾，更不敢有任何冒险和探险行为。而实际上，在孩子未来的人生旅途中，也许他们缺乏的并不是智商，而是勇敢。

晶晶是一个读初中的14岁女孩，她说："因为奶奶家在城里，我的户口便随了他们，上学也是在奶奶家附近的小学。奶奶对我有三个不准：刀不准我动，电不准我动，火不准我动。我长到这么大，根本没划过火柴，没开过打火机，没切过一次菜。"

有人说，传统教育正在扼杀孩子的生命活力，从上面晶晶这个案例中我们可见端倪。我们常看到的现象是，父母们总对孩子说"只要你把学习搞好了，其他的什么都不用你管！"这句近乎是已经达成共识的话，道出了教育的真正隐患。

然而在一些发达国家，父母却会给孩子探险的自由，以此来培养孩子勇敢、自信、独立自主、克服困难的品格。

1. 发掘孩子的内在潜力，帮他赶走害羞的阴霾

即使再害羞的孩子，他也具有一定的潜力。只是这样的孩子比那些性格外向开朗的孩子，更需要父母的帮助。所以，要克服孩子胆小、怯懦的心理，父母得学会不断地发掘孩子的内在潜力。

田女士一直为12岁的女儿小卓担心，因为和同龄人相比，小卓总是很害羞，几乎没有很要好的朋友。但实际上，小卓是个很热心的人，她能友好地对待比自己小的孩子。田女士利用女儿的这一优势，鼓励她给邻居的小孩做家教。

果然，小卓慢慢地开始主动帮助其他小朋友了。渐渐地，小卓赢得了同学和伙伴们对自己的敬佩，同时也帮助小卓增强了自信心。

其实，只要父母善于发掘，就能为孩子克服胆怯找到一个突破口，从而帮他们走出害羞的阴霾。

2. 用心培养，让孩子拥有一技之长

一般情况下，一个有一技之长的孩子更容易引起别人的关注。比如，一个会弹钢琴的孩子，偶尔的一次表现会让众多不会弹琴的孩子产生羡慕之情。这样，孩子就会因为自己有别人没有的地方而感到骄傲和自信。

所以，父母们可根据孩子的性格爱好和气质类型，帮孩子根据自己的喜好选择一技之长，并好好地学习，例如，书法、绘画、下棋、演奏等。一有机会，就让孩子在众人面前展现自己的特长。这样，孩子的胆量就会越练越大，自信心也就越来越强，离害羞、胆怯也就越来越远了。

3. 多给孩子鼓励，让他消除紧张感

大多胆怯的孩子，很怕受到外界的忽视或者歧视。每当这时，他们就会非常自卑，而越是自卑就越不敢大声说话，造成恶性循环。

如果你的孩子也比较胆怯，那么当他遇到上述情况时，你可以告诉他："没关系，有我们帮助你，你会好起来的。"当孩子感受到来自父母的关爱和信任，胆怯心理就会有所缓解。

当然，帮助孩子消除胆怯心理，还需要父母更多的鼓励。只要孩子取得了进步，哪怕只是一丁点，我们也要给予热情而真诚的鼓励。孩子在我们的鼓励中，产生被认可、被接受的感觉，从而增强自信，消除紧张感。

不用问，哪个做父母的都不想让自己的孩子成为一个庸人和懦夫。那么，父母们就积极行动起来，从小培养孩子勇敢坚强的性格吧！

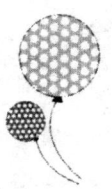

培养耐挫力,给孩子战胜挫折的力量

位于非洲大草原的奥兰治河两岸,在那里生活着很多的羚羊。动物学家们通过观察,发现了一个非常奇怪的现象:无论是奔跑速度,还是繁殖能力,东岸的羚羊都要比西岸的羚羊强很多。

他们利用一年的时间进行实验和观察,由东岸送到西岸的羚羊繁殖到了14只,而由西岸送到东岸的羚羊则只剩下3只。

原因何在呢?动物学家们深感困惑。

然后,又经过反复的研究,动物学家们终于找到了原因。原来,在东岸生活的动物里,不但有羚羊,还有一群野狼。羚羊们为了不被野狼吃掉,就不得不每天练习奔跑,使自己强健起来;而西岸则只有羚羊这一种动物,由于没受到野狼的威胁,它们过着安逸的生活。结果可想而知,西岸的羚羊奔跑能力不断下降,体质也随之下降,繁殖能力自然也跟着下降了。

拿着这一结论,动物学家们恍然大悟,原来"物竞天择"说的就是这样一个道理!只有在挫折与磨难中艰难生存下来的物种,才能拥有更加顽强的生命力!

羚羊如此，人又何尝不是这样？此时此刻，聪明的家长们是否已经从上面这两个朴素的故事中理解了"挫折"的真正意义？那么，请反省我们对孩子的教育吧，很多情况下，我们是否不忍心让孩子吃苦，不忍心让孩子遭遇人生的风雨，而是像"母鸡"保护"小鸡"一样，怕孩子受到一点委屈，把孩子藏在自己的身后？

以为这样做，就能让孩子少遭一点罪！殊不知，家长的这种做法，不但让孩子失去了在挫折中成长的机会，而且还对孩子个性、心理有着十分不利的影响。挫折是一种宝贵的财富，孩子要健康成长，应学会乐观面对挫折，接受挫折。只有不断经受困难和挫折的孩子，才具有坚强的意志和强大的生存能力。同样，一个经得起挫折的孩子，才能生存得更好！

作为家长，我们不但要充分认识到"挫折"的价值，还应该在日常生活中注意培养孩子的抗挫折能力。这样，孩子才会在遇到挫折时表现出坚强、勇敢、自信的精神，用自己的力量和智慧去克服人生中一个又一个困难和挫折，一步步走向成熟，走向成功。

俗话说："宝剑锋从磨砺出，梅花香自苦寒来。"任何人要想走向成功，都需要穿越无数个挫折。所以，父母要想让孩子去迎接成功的到来，必须教孩子勇敢地穿越挫折，这就需要父母从以下几点做起。

1. 帮助孩子树立正确的挫折意识

每个人都会遇到不同的挫折，父母要让孩子知道挫折是不可避免的，要坦然面对，遇到了困难要积极地想办法解决，失败了也要汲取教训重新站起来，只有这样才能不断地走向成功。

同时，父母还要告诉孩子，遇到挫折时不能怨天尤人，也不要陷入消极的情绪里无法自拔。这样不仅解决不了任何问题，反而还会导致自己遇到更多的困难、挫折。

孩子有了正确的挫折意识，才能对挫折保持一个正确的态度，才会鼓起勇气克服困难。

2. 给孩子提供受挫折的机会

一些父母对孩子十分娇惯，什么事情都为孩子包办，这样孩子衣食无忧、一帆风顺地长大，什么事情都没有做过。但父母如此做的结果，只能使孩子面对挫折时如临大敌，想方设法去逃避，而不是积极地思考如何去解决。

莘莘是家里的独生子，爸妈从小就对他娇生惯养，什么事情都不让他碰。一是怕误伤了他，二是不忍心让他做事。莘莘从小到大，都是衣来伸手，饭来张口，任何事情都不动手。

后来，莘莘上了中学，中午在校吃饭，他看着同学们放学后都拿起碗筷去食堂排队打饭，自己却迟迟不敢上前。最后，犹豫了很长时间，他饿着肚子给妈妈打电话，哭着说自己还没有吃饭，让妈妈赶快到学校来。

莘莘的妈妈看到这种情形才发觉自己以前太娇惯儿子，十分后悔没有给莘莘提供受挫折的机会，以至于儿子现在什么事情都做不了，遇到一点小困难都克服不了，只想找父母来帮忙。

因此，父母应该给孩子提供受挫折的机会，让孩子尽早开始去做各种力所能及的事情。这样孩子以后遇到任何困难，都会积极地想办法独自解决。

3. 帮助和鼓励孩子跨越挫折

每个人遇到困难与挫折，心情都会受到不良影响，孩子也不例外。这时候，如果父母能够及时给予帮助与鼓励，孩子就会勇敢地面对。

振勇与好朋友经常暗地里比赛学习，平时两人的成绩不相上下。可是这一次期末考试，振勇却落后好朋友三个名次。为此，他的心情十分郁闷，整天默不作声，对好朋友也是爱理不理，学习效率明显受到了影响。

父母知道了事情的原委之后，就开导振勇，还让他向好朋友真心地祝贺，同时努力学习，争取赶上甚至超越好朋友。振勇在父母的开导下，心情豁然开朗，很快投入到学习中去了。

有些挫折，是因为孩子思想狭隘所致，有些挫折是孩子力所不及所致。此时，父母就要对孩子进行帮助与鼓励，孩子在父母的大力支持下，才会选择勇敢地穿越挫折。

当然，父母也应该明白，挫折并不是越多越好。毕竟，人的意志力是有一定极限的，压力太大，会使其人格发生根本性变化，从而变得冷漠、孤独、自卑，甚至执拗，意志力就会越发颓靡。这对孩子的身心健康也非常不利！

让孩子把挫折看作成长的机遇

甘地夫人不仅是一位出色的领袖，更是一个懂得如何教育孩子的好母亲。

在她看来，我们的生活中既会有幸福，也少不了坎坷。教育孩子的目的，最重要的是培养他健全的人格，让孩子能够从容不迫地应对日后生活中的各种困难。而作为母亲，就有责任和义务帮助孩子具备这种能力，让孩子学会坦然面对挫折，努力克服困难。

举个例子，在甘地夫人的大儿子拉吉夫12岁那年，因为生病需要进行一次手术。当时拉吉夫对这次手术深感害怕。当时，主治医生原本打算说一些"善意的谎言"安慰拉吉夫："手术并不痛苦，你用不着害怕。"

但是，甘地夫人却对他说："孩子已经懂事了，撒这样的谎反而会对孩子造成不好的影响。"所以，她没有采纳医生的意见，而是来到儿子身边，平静地对他说："妈妈需要告诉你一个问题。第一，手术做完之后的几天，是很痛苦的；第二，你的痛苦只能自己承受，谁都代替不了，所以，你必须做好心理准备；第三，流泪和叫苦对减轻痛苦一点作用也不会产生，而且还有可能引起头痛。"

听了母亲的话，拉吉夫勇敢地接受了手术。手术后的恢复过程中，拉吉夫并没有因伤口的疼痛而哭泣，也没有叫苦，只是勇敢地承受了这一切。

我们不得不为甘地夫人而竖起大拇指！她的看似狠心的教育，让孩子赶走了恐惧，用充满勇气的心迎接了一次巨大的挑战。

其实，正如甘地夫人所说，生活中既会有幸福，也少不了坎坷，我们的孩子总会经受失败和挫折。因此，父母要让孩子学会微笑着面对挫折，当孩子具备了这种"挫折抵抗力"，那么挫折面前的他，不会轻易趴下，而是会像皮球一样被拍过后能够高高地弹起。

一位日本学者说："任何事情都要靠自己的努力，对孩子进行努力教育和挫折教育，让他们在失败中学到本领，将来才能自食其力。"确实，在人生这艘大船里，永远没有一帆风顺的，都会遇到挫折和坎坷。话说回来，也正是这些挫折和坎坷，让我们体验到战胜它之后的快乐和满足。

因此，我们在教育孩子过程中，不要怕孩子遇到困难，只要给予正确的引导，那么孩子在经历困难并战胜之后，会感受到不一样的自信和快乐。

1. 有意地设置障碍，培养抵抗挫折的能力

俗话说，人生不如意十之八九。如果孩子的成长道路平坦，事事顺心，那么一旦遇到困难，孩子就会束手无策，情绪紧张，从而走向失败。所以家长在

孩子成长的过程中，应有意识地创设挫折情境，让孩子获得对挫折的适应能力，培养孩子更好地解决问题的能力，使其遇到困难时有足够的心理准备，并能冲破阻碍，奔向成功。

在日常生活中，父母可以根据环境为孩子设置一些接近现实的小障碍，比如，孩子做作业遇到了困难，不要急于告诉孩子答案，而是让孩子自己思考，独立地解决。父母只在适当的时候给予指导和启发。当然，需要提醒父母们的是，为孩子设置障碍时必须结合孩子的年龄和性格等特点，因为多次的失败，可能会让一些孩子变得自卑。

2. 鼓励克服困难，培养抵抗挫折的勇气

遇到困难后，都会有两种可选择的态度：一种是气馁、退却；一种是积极应对，让自己得到锻炼。而由于孩子的承受能力较弱，一般情况下遇到挫折后就会垂头丧气。这时候，如果父母能够鼓励孩子面对现实，那么就会帮助孩子勇敢地向困难发起挑战。例如，当孩子第一次摔跤，如果父母对孩子说"别怕，摔一下算不了什么，儿子最勇敢了"，那么孩子就会拍拍尘土，自己站起来；如果父母对孩子大惊小怪地喊叫"宝宝没事吗？摔得很疼吧？"这就会让孩子感觉好像发生了什么大事，变得手足无措起来。

家长如此不同的反应可能会影响到孩子对待困难的态度，可想而知，第一个孩子在遇到困难的时候，就会更有勇气去面对。

3. 教孩子学会"跟自身作对"

古人用"劳其筋骨"来告诫人们要磨炼意志。其实这一点用在孩子身上也甚为合适。现在的孩子们大多没经历过什么风风雨雨，所以要想锻炼他们，就得让他们有意识地和自己作对，不断地向自己发起挑战。比如，自己不是很有耐力，就让自己每天坚持跑长跑；自己没有很好的记忆力，就要强迫自己找一些东西来记住。通过这样的训练，孩子的意志品质会得到很强的锻炼效果。

其实，从孩子本身来讲，他们更需要也愿意在尝试中不时地挑战挫折，与挫折打交道形成的经验，会让他们以后有足够的能力面对问题、接近问题、解

决问题。当感受到通过尽自己的能力来独立解决身边发生的问题后，孩子的心里会油然而生一种荣誉感和满足感，形成坚持和执着的意志品质，并积极体验每一个成功的独特感受。

骄傲的品质要不得

琪琪聪明伶俐，漂亮可爱。她是爸爸妈妈眼里的宝贝疙瘩，是老师眼里非常优秀的学生，是同学们眼里令人称赞的"白雪公主"。正是因为这样，琪琪逐渐地产生了一种高傲的姿态："我是最棒的，我比任何人都要优秀。"

琪琪的父母经常在别人面前骄傲地夸赞着女儿："我们家琪琪不知道遗传了谁，长得这么漂亮，学习成绩也那么优秀。"然而，爸爸妈妈不知道，他们的夸赞无形中给女儿的将来埋下了一颗定时炸弹，随时都可能爆炸。

果不其然，在来自各方面赞许的目光注视下，琪琪变了，变得动不动就对父母发火；在一些成绩不如自己的同学面前，她总是炫耀自己的成绩，经常对同学说：这个题目太简单了，你怎么就不动动脑子呢！我要是做这么简单的题，那简直就是享受！有时候，老师给她讲解一些东西，她也流露出满不在乎的样子。

看到这时的女儿，琪琪的爸爸妈妈陷入了苦恼之中。

作为一个聪明漂亮，成绩优异的孩子，的确会引来人们的注目和赞许。如果孩子在这种关注和赞扬声中，不懂得收敛自己，而是拿来作为炫耀资本的话，那么足可以说明，这个孩子产生了骄傲的品质。

这样的孩子，总认为自己比他人强，因此也就不愿意继续努力，"骄傲使人落后"即是这个道理。

不仅如此，骄傲的情绪会让孩子难以客观地认识自己和别人，他们往往被虚伪的表面蒙蔽了双眼，从而冷淡待人，也就无法获得别人的友谊。

还有，骄傲的孩子眼里只有自己，对于来自别人的批评会大为反感，并且会竭力证明自己是正确的，别人是错误的。

这样的孩子，又怎么能够真正地成长、成熟起来呢？

总而言之，对于孩子来讲，那些骄傲的情绪和自负的行为犹如一颗毒瘤，埋藏在他们的心灵深处，如果不及时剔除，就会越长越大，最后危及孩子的整个人生。所以，作为孩子的父母，一定要及时地让孩子走出骄傲的泥潭，摆脱"毒瘤"的危害。

1. 让孩子学会尊重和理解他人

尊重和理解他人对任何人来讲，都是一种十分珍贵的感情，它主要表现在对他人的接受、包容，甚至过错的原谅。对孩子来说，这种感情有助于其个性的健康发展，尤其是情感的健康发展，它将帮助孩子建立良好的人际关系，赢得别人的尊重和支持。

仗着自己的聪明才智和丰富的知识，维维养成了一副傲慢的态度，对一起玩的小朋友经常横挑鼻子竖挑眼，经常让别人很难堪。这样的结果是，小朋友们都不爱和维维玩了。小维维开始受到冷落。

维维的妈妈了解自己的孩子，也帮她指正过傲慢的危害，但孩子毕竟是个小孩子，一些东西并不是大人怎么说她就怎么做。直到这次，维维真正感觉到问题的严重性了。妈妈也趁此机会，更加认真地和女儿讨论起来。

妈妈说："你一直是个不错的孩子，在各方面都取得了优异的成绩，这些的确是值得你骄傲的。但是你不要忘了，一个人要想有所成就，要想生活得快乐，是离不开周围朋友们的支持的。最近你由于自己获得的优异成绩骄傲起来，总觉得自己比周围的孩子都有本事。其实，这种做法和态度是很愚蠢的，它只能让别人离开你，生怕和你在一起。每个想成功的人都需要和别人融洽相处，理解别人的处境，而不能在别人面前摆出一副盛气凌人的姿态。"

这次，维维听完妈妈的话，似乎突然明白了其中的道理。从此，她在其他小伙伴面前开始表现出谦虚的态度，而同时她也获得了别人的接受和尊重。

为了孩子的幸福，同样也是为了孩子的学习，为了孩子将来能有所作为，我们应当教孩子学会宽容，学会理解他人。

2. **夸奖虽好，但必须用得正确**

现在的父母大都知道赞美教育的重要性，于是喜欢不断地夸赞自己的孩子。可是岂不知，在这些无休止的夸赞中，掺杂了一些危害孩子的"元素"，使孩子迷失了自己，找不到自己的方向。

皮皮的姑姑在前不久送给她一个非常漂亮的洋娃娃，她经常抱着洋娃娃去和自己的小伙伴玩。有一次，皮皮居然和小伙伴因为谁的洋娃娃好看而大动干戈，后来皮皮哭着跑回家："妈妈，你说谁的娃娃最好看？是我的，还是她们的？"看着皮皮满脸的泪水，妈妈心疼地说："当然是我们皮皮的，皮皮的什么东西都是最好看的。"

就是因为妈妈这样一句话，皮皮的心中就始终认为："我的东西是最好的。"

在生活中，如果父母不分青红皂白地表扬孩子，就可能让孩子像故事中的皮皮一样，过分地骄傲，看不起别人，像这样的孩子是很难在社会上立足的。

3. 奖励的过程中，要注重精神上的奖励

当孩子取得一定成就的时候，他们渴望别人的肯定，很多父母也能够给予孩子肯定。只是在奖励的这个过程中，父母要明白，精神上的鼓励远远比物质上的鼓励要更胜一筹。过多的物质奖励会让孩子高傲自大，失去了进步的动力；而精神上的鼓励则可以让孩子心理上得到满足，产生一种更加强烈的动力，让他们不断地前进，从而获得更佳的成绩。

当孩子因取得优异的成绩站在领奖台的时候，父母一个鼓励的眼神就足以给他们足够的鼓励和信心；当孩子帮助了别人时，父母一句夸赞的语言就足以让其将自己的善举继续蔓延……

父母要让孩子知道，在这个世界上，无论取得了多大的成就，也没有骄傲的资本，因为任何人都不可能全知、全能，即使你在某个方面造诣很深，也无法做到彻底精通，任何学问都是无穷无尽的海洋，假如觉得自己已经达到了最高境界而停滞不前，则一定会很快被他人赶上，并迅速被超越。为了不让你的孩子将来成为骄傲的牺牲品，那么在他年幼的时候，一定要让他学会谦虚谨慎的做事方式，放下翘起的"尾巴"。

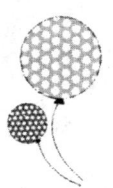

虚心好问,才能为大脑注入更多"营养"

8岁的帆帆每天放学后都会缠着爸爸妈妈问很多的问题,比如"妈妈,你说为什么天是蓝的呢?""爸爸,你说为什么你和妈妈会结婚,为什么还会有我呢?""妈妈,你看这个题目太难了,你可以来帮我一下吗?"……每次,帆帆的父母听到孩子的这些问题,都会十分不耐烦……

有一次,帆帆的爸爸妈妈去参加家长会,会上帆帆的班主任说了一番话:孩子善于提问是非常好的表现,那证明他们的求知欲是非常强的。就像我们班的王吉一样,这个小女孩非常聪明,善于问问题,而且从来都很谦虚。

帆帆的爸爸妈妈简直不敢相信老师居然会说帆帆好问是好事,这时候他们才考虑到自身的错误,从那以后,帆帆的爸爸妈妈再也没有对女儿的问题不耐烦。

帆帆父母的做法,在您的身上有吗?如果有那就要考虑怎样改变自己的看法了。有句话说得好:"问是学之师,知之母。"在现实生活中,每个人都不可能没有任何困惑或者不懂的地方,更何况是年幼的孩子,更何况是细心的孩子。也只有一个善于提问和积极思考的孩子才可能获得优异的成绩，才可能自主地解决自身遇到的问题。

事实上，孩子从来到这个世界上的那一时刻开始，就充满着对认识世界的满腔热情，表现为对什么都感到好奇，总有问不完的问题：这是什么？那是什么？怎么会这样？为什么那样？……

可以说这是每一个孩子的天性。可许多调查却表明，孩子逐渐长大后，能够勤学好思、大胆提问质疑的却不多。这是为什么呢？

我们不得不反思对他们的教育：对于孩子的好问，做父母的保护他们的积极性了吗？给孩子们提供了积极提问的环境了吗？意识到孩子提不出问题是有什么困难吗？由于教育的重结果而轻过程，造成孩子的思维依赖于家长、老师的暗示，喜欢做出简单的判断，习惯于回答选择性封闭式的问题。思维活动逐渐缺乏主动性，懒于思考。我们反思这一切，迫切需要改变这一切来重新培养孩子好问的习惯。

我们把眼光放到学校，不难发现，在课堂学习中，那些积极思考，善于提问的孩子在把握问题上才会最全面，分析得更透彻。而那些只等着老师讲解给出答案的学生往往就是"死读书"的那种，在每次考试的时候，他们所掌握的解题方法也只是老师所传授的那种。对于孩子来讲更是如此，孩子生性温柔，不善于表达自己，如果自己再不善于思考，那么他们的未来就会多出很多的绊脚石。

作为父母，要想培育出优秀的孩子，使自己的孩子成为未来社会的栋梁，那就应该从小培养孩子的扩散性思维，让他们形成积极思考，善于提问的好习惯。只有带着无尽的问号才可能真正走进知识的海洋，挖掘更多的知识宝藏。

1. 学会吊孩子的胃口

我们知道，如果一个人总是自满自大，感觉自己知道的东西已经足够了，从来不向别人请教，那他就会原地踏步，而在别人进步的同时其实他已经在倒退了。在培育孩子的过程中，父母定要明白这一点，要着重性地培养孩子善于提问的习惯。

瑜瑜一大早起来就什么都不做，在床上打滚，这时候妈妈走了过来："瑜瑜快点起床了，今天妈妈带你去公园玩。"瑜瑜懒洋洋地说："那些公园我都去过多少次了，我不想去。"这时候，瑜瑜的妈妈说："今天我们要去的公园你没有去过哦。"一听到这，瑜瑜再也不赖床了。

在路上的时候，妈妈什么都没有说，倒是瑜瑜一路不停地说话，一个个问题接踵而至：这个公园是什么样子的？公园里有月季吗？公园名字是什么啊？……

2. 用错误的东西刺激孩子的大脑

针对这一点，父母可以采取"以毒攻毒"的方式，在平时的时候，可以自制一本有很多错别字的书，让孩子自己去看，并引导他去发现里面的错误。有的时候，在你给他讲完一个故事的时候，不要忙着收尾，让他说出自己的看法，有可能的话让他给书的作者写封信，在写信的过程中，他定会遇到不会写或者不知道怎么说的时候，这时候，父母就要懂得正确地教育，引导他去寻找答案。

3. 鼓励孩子去寻找答案

很多孩子在学习的过程中，如果遇到不懂的问题，会很羞于去问别人寻求方法。这个时候，父母要懂得鼓励孩子，告诉他：这个题不会没有关系，明天去学校问一下老师或者同学就懂了。这一点还需要父母做督察，在他放学回家后，你可以再次提到那个问题，如果还没有询问，那你就继续鼓励；如果已经问了，并且懂了，这时候父母千万不要吝啬你的一句"孩子，真棒"。

孩子的天性相信很多母亲应该知道，在培养孩子的过程中，父母一定要将孩子的弱项转变成强项，激发他们的信心，让他们形成善于思考，"不耻下问"的习惯。试想一个求知欲如此之强的孩子，定能在自己的人生路潇洒走一回。

面对孩子的提问，父母应该理性的认识，并在这个最重要的阶段给予孩子正确的引导，将他们自身的思维完全打开，并不断地鼓励他们。只有这样，他们才可能将自己的优点不断发挥，创造出更加美好的人生。

教孩子学会自我激励，为自己加油

尼尔斯·玻尔是诺贝尔物理学奖获得者。据说，他有一位很善于激励自己求知欲的父亲，父亲能够常常给他提供一些有意思的激励方法。

一次，邻居的自行车坏了，小玻尔帮助修好。为此，父亲专门摆了一桌"庆功宴"以示激励。

还有一次，小玻尔和父亲就水的张力问题展开了激烈的争论。其实，这对于身为物理学家的父亲来说，根本不算什么难事。但是玻尔对父亲的讲解表示不服气。

为了激励小玻尔自己探索的精神，父亲与他达成了一项协议，即由小玻尔去父亲的实验室做实验，让实验的结果来说明问题。协议中规定，玻尔要自己动手制作仪器，父亲担任仪器制作和实验的顾问。出乎父亲的预料，结果玻尔的实验成功地证实了自己的看法是正确的！

一直以来，玻尔都把自己能够在实验中制造各种各样灵巧的仪器，并研究出其他证明科学家没有获得的成果，归功于父亲对他的激励。而正是在父亲的激励下，玻尔学会了自我激励。

斯普林格曾这样写道："强烈的自我激励是成功的先决条件。"著名宗教领袖马丁·路德·金说过："世界上所做的每一件事都是抱着希望而做成的。"事实上，正是这种高度的自我激励精神使他们朝着自己的目标不断前进，而且，最终实现了目标。

关于自我激励的作用，美国哈佛大学的威廉·詹姆斯曾做过专门的调查研究。其研究结果表明，一个人如果没有受到过激励，那么他仅能发挥其能力的20%~30%；当一个人受到激励时，他则能够将能力发挥至80%~90%。

或许很多父母都看过或者听过这样一个故事：在大约20年前，一个徒步穿越非洲的女子，她战胜了森林和沙漠，而且通过了400多公里的旷野。接受记者采访的时候，当被问到为什么能完成这令人难以想象的壮举时，她回答说："因为我说过我能。"记者又问她对谁说过这句话，她的回答是："对我自己说过。"

"所有战斗的胜负首先在自我的心里见分晓"。确实，如果一个人在其他方面都具备的条件下，又善于自我激励，那么他将有高于别人的成功概率。

对成人如此，对孩子亦如此。如果孩子时常会感到"我今天的表现真不错"，天长日久，将会演变成"我的表现好像一直都不错"，这样就会促进孩子充满自信，不断前进。

当然，孩子的自我激励的能力并不是先天具备的，它也需要父母的科学引导。在生活中，父母要注意引导孩子进行积极的自我激励，教孩子通过自我激励来激发自己的潜能，促使孩子逐步走向成功。

1. 多加鼓励，让孩子学会自我表扬

很多孩子对于自己的认识，完全有赖于父母的赞许，却不知道如何认可自

己。对这样的孩子，父母需要及时地指出他们做得正确的事，然后提醒他们从内心认可自己。比方说，当孩子因为做了一件错事而主动承认错误的时候，父母可以告诉他："你这样做需要非常大的勇气，你应该对自己说：'我做了一件正确的事，一件了不起的事'。"

在父母的认可下，孩子不仅会因为自己得到表扬而释怀，更会觉得自己也可以"了不起"。

2. 善于引导，让孩子学会积极的暗示

暗示有消极和积极之分，积极的暗示会让人增加自信，提高积极性，是自我激励的一种有效的方式。

可可是个有些懒惰的孩子，都13岁了，从来不帮助父母做家务，甚至连早上起床都懒得动，每天妈妈喊了很多遍，她才不情愿地磨蹭着起来，所以每次去上学几乎都要迟到。后来想早起了，但已经养成了赖床的习惯，起不来了。

针对这一情况，妈妈只好给她定下闹钟，并让她临睡觉前说十遍："我一定能按时起床，以后不再用妈妈叫。"妈妈用这种自我暗示与激励的话，要求女儿每天晚上说10遍。慢慢地，可可只要闹钟一响就能够起来了，再也不用妈妈来催促了。

平时，父母可让孩子多进行积极的自我暗示。比如说："我能行""我一定圆满完成任务""我是最棒的"等。那么，孩子在多次进行这样的心理暗示之后，他的行为慢慢地就会朝心理暗示中的目标靠拢。

3. 合理引导，教孩子多看别人的优点

俗话说"尺有所短，寸有所长"。当我们看到别人身上的长处，看到自己身上的不足的时候，我们才会不断地奋斗，努力向别人的长处看齐，弥补自己的短处。这也不失为一种好的自我激励的方法。

慧慧有着比较强烈的忌妒心,当看到别的小朋友在某一方面超过自己时,就非常不舒服,于是,她就会有意识地贬低别人,抬高自己,因此没有几个同学愿意和她玩。

对于女儿的这一情况,妈妈了解之后,就教育她说:"别人比自己优秀,你应该努力赶上,甚至超过他,而不应该去忌妒,这对你没有任何好处。"

经过妈妈的一番教导,慧慧觉得妈妈的话很有道理,从那以后再看到别人比自己优秀,她就不再去忌妒,而是暗下决心,努力向对方学习。结果,慧慧在各方面都取得了很大的进步。

作为孩子,他能否进行自我激励,将直接决定着他的思维,进而是行为,最终是成果。一个善于进行自我激励的孩子,往往能发掘出自身存在的巨大潜力,从而跨越前进旅途上的困难,直达成功的彼岸。而一个不善于自我激励的孩子,每当遇到一点挫折就牢骚抱怨,或者自怨自艾,这样只能使之停滞不前,以失败而告终。

没有哪个父母会希望自己的孩子成为后者。既然如此,那就教会我们的孩子学会自我激励吧,让他们在任何时候都能够给自己加油,这样才能坚韧不拔,走向成功。

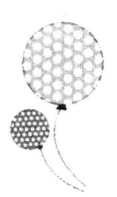

乐观面对失败,风雨过后就是彩虹

冯涛在一所重点小学的实验班上学,成绩优异的他,考试得第一是"家常便饭"。为此,大家为他起了个绰号:"永远的第一名"。

可是,这个绰号在叫了几年之后,却在小升初的考试中戛然而止。这次冯涛考砸了,凭他那点分数,别说上重点中学,就连二级以上的中学都考不上。

当看到分数的那一刻,冯涛伤心地哭了。他躺在床上想:完了,一切都完了。

顿时,冯涛恨不得打自己几下。

妈妈看到儿子这样气急败坏的样子,温和地说:"谁的人生路上总能够一帆风顺呢?挫折是难免的,对于坚强的人来说,失败更能磨炼他的意志。妈妈相信你,只要用乐观的心态去面对这次的失败,你就会战胜它的。"

听完妈妈的话,冯涛沉思了一会儿,他想到了自己曾经在一本书上看到的一句话:生活中,总会遇到许多的小失败和小挫折,但是,只要不放弃,继续快乐地生活,乐观地面对失败和挫折,那我们就称得上是生活的强者!

自此之后,冯涛发愤学习,在妈妈的帮助下,制订了合理而周密的学习计划，一步步地实践着。就这样，冯涛的各科成绩都进步得很快，到初一上半学期考试时，冯涛已经名列前茅了。上到初二时，校长还破例批准他直接升入高中。

网络上、电视上不乏这样的新闻出现：一个成绩差的孩子因为受不了老师的批评，离校出走了；一个成绩优异的学生因为一次没考好跳楼自杀了；一个孩子因为父亲吼了他两句便亲手杀害了自己的父亲……这种消息不绝于耳，这种事情令人错愕。

为此，家长们开始困惑，老师们也开始困惑，甚至整个社会都在困惑：我们的孩子到底怎么了？

那么，到底是为什么，孩子们的心变得如此之脆弱呢？

究其根本原因，其实是我们对孩子的"爱"给得太多了，以至于让孩子缺少了独自面对挫折时的勇敢与坚强，走上了条条不归之路。

通过上面的故事可以看得出，冯涛有一个智慧的妈妈，正是她的引导和鼓励，让孩子找回了乐观的心态与奋进的动力。作为父母，我们应该向冯涛的妈妈学习一下她的那种培养孩子"勇敢面对挫折"的聪明与睿智。

其实，每个孩子在生活和学习中都难免会遭受挫折和失败。我们发现，一些孩子在遇到挫折和失败后，会寻找各种各样的理由来为自己辩解，以推卸责任。有的孩子还会因为挫折和失败而产生不良情绪反应，丧失自尊心和自信心等。所以，一旦发现孩子遭遇挫折，父母就要对他进行适当的引导，鼓励他面对现实，勇敢地向困难发起挑战。

1. **及时疏导，帮助孩子正确理解挫折**

在现实生活中，有许多困难是经过努力就可以克服的，还有很多是无法战胜的。当孩子受到重大挫折的时候，家长不应该置之不理，采取"无视"的态度，而应该及时疏导，帮助孩子认识挫折、分析挫折产生的原因，进而正确理解挫折。同时，让孩子充分认识到自己的优缺点，明白挫折本身并不可怕，最重要的是有正确的态度，这才是成功的关键。

"滴水成冰，聚沙成塔"，要教育培养孩子对挫折的承受能力也非一日之功。这需要贯穿孩子的整个成长过程，从小就要重视，从点滴的小事抓起，如果只靠短时集中突击教育，而平时给予孩子百般的呵护，那么孩子是很难具有坚强的挫折承受力的。

2. 鼓励孩子充满信心地战胜挫折

在孩子遇到挫折时，父母可以用鼓励的话语，乐观的微笑，赞许的目光来增强孩子面对挫折的勇气。这会让孩子知道，面临挫折和失败，没什么可怕的，这次失败了，下次再努力就是了，只要战胜了挫折，就一定能取得成功。

挫折失败对任何人来讲都是不可避免的，孩子同样如此。如果不能引导他们积极乐观地面对失败，那么将会使他们不能很好地适应集体生活，不敢正确面对生活中的小波折，继而影响其人格的发展和完善。因此，父母的引导势在必行，而且应及早培养孩子乐观面对失败的能力。

培养耐心,让孩子"耐得住性子"

旭旭虽然聪明伶俐,活泼可爱,但他很缺乏耐心。比如,在考试的时候,他完成得很快,却总是急于赶紧交上去,好获得"第一个交卷"的"殊荣"。因为他不检查,常常本来会做的一些题目,也因为不细心而丢掉了分。

在生活中,旭旭的急性子就表现得更明显。就拿吃饭来说,有时候饭刚从锅里盛出来,还很烫呢,他就急不可耐地吃一口,自然被烫得龇牙咧嘴的。即使玩耍的时候,旭旭也常常耐不住性子。比如,搭一个较为复杂的积木,由于得对照图纸,一点点地拼,一开始旭旭还能够认认真真地拼几块,可越往后他越急于求成。在无法达到目标的时候,他就气急败坏地放弃游戏。

诸如此类的事情很多很多,旭旭的父母为此也很无奈。他们不知道儿子为什么性子这么急,担心这样下去对他长大后会产生不利影响。

像旭旭这样耐不住性子的孩子,在我们的日常生活里并不少见。很多父母认为,这可能和孩子本身的性格有关,属于"先天"范畴,很难改变的。其实并非如此。之所以这样,先天因素只占很少一部分因素,更多的原因还是来自于孩子受到了太多的宠爱，凡事都要"唯我是从"，大人稍一耽搁，他就急不可耐，哭叫连天。如果家长妥协，那么孩子的急性子可能就会变本加厉，越来越容易急躁，越来越没有耐心。

可是，父母们可曾知道，能不能耐得住性子，对于孩子未来人生的发展至关重要呢！

我们来看一个美国心理学家沃尔特·米切尔所做的实验。

实验者为这个实验定名为"成长跟踪实验"。内容大概是这样的：

沃尔特·米切尔选择了一所幼儿园，并在幼儿园选出十几个4岁儿童，将一些非常好吃的奶糖按每人一颗发给这些孩子，同时告诉他们：如果马上吃，就只能吃手里这一颗；如果等20分钟后再吃，则能吃到两颗。在美味的奶糖面前，任何孩子都将经受考验。

在这批儿童中，有些孩子急不可待，马上把糖吃掉了。另一些孩子却决心等待对他们来说是无尽期的20分钟。为了使自己坚持到最后，他们或闭上眼睛不看奶糖，或头枕双臂、自言自语、唱歌，有的甚至睡着了，最后，他们终于熬过了对他们来说漫长的20分钟，吃到了两颗奶糖。

沃尔特·米切尔和他的实验人员把这个实验一直继续下去，他们对接受实验的孩子进行了追踪调查，这项实验一直持续到孩子们高中毕业，结果发现，在4岁时就能以坚忍的毅力获得两颗奶糖的孩子，到了青少年时期仍能等待，而不急于求成，表现出更强的社会竞争性、较高的效率和较强的自信心，更加独立、主动、可靠，能较好地应对挫折，不会手足无措和退缩，为了追求某个目标，他们像幼年时一样，仍能抵制"即可满足"的诱惑。

而那些急不可待，经不住奶糖诱惑，只吃到一颗奶糖的孩子，在青少年时期更容易有固执、优柔寡断和压抑等个性表现，他们往往屈从于压力并逃避挑战。

在对这些孩子分两级进行学术能力倾向测试的结果表明，那些在奶糖实验中坚持时间较长的孩子的平均得分高达210分。后来几十年的追踪观察也证明那些有耐心等待吃两块糖果的孩子,事业上更容易获得成功。

看完这段描述,父母们应该已经明白了,原来耐性和一个人的成功有直接关系!的确,一个人要想在事业上获得成功,不仅需要有聪明才智,还需要有坚定的耐性。

那么怎样培养孩子的耐性,让他告别急躁呢?

1. 学会"time out",适当延迟满足孩子的欲望

"time out"即"暂停"的意思,也就是告诉我们,对于孩子的要求和欲望,我们得适当地延迟满足。如果对孩子提出的要求,父母总是立马满足的话,那么孩子就不会具备等待的耐心,容易急躁。相反,如果能够延迟满足孩子的要求,则能在一定程度上让孩子学会克制。比如,当孩子想买某个很喜欢的玩具,父母可以有意识地推后一段时间再给他买。当然,这种暂时的拒绝不能太生硬,而应选择一种温和的,容易让孩子接受的方式。如果能够长期如此,就是一种对孩子自制力的很好的锻炼方式。

2. 利用有趣的游戏和活动培养孩子的自制力

高尔基说过:"哪怕是对自己小小的克制,也会使人变得坚强。"有位父亲做得非常好,他向我们介绍了以下经验。

女儿刚上学的时候,十分不适应学校的生活,加上从小性格就很活泼、急躁,所以很难控制自己,比如,上课总是和同学交头接耳,抢同学的圆珠笔,和同学吵架,没下课就坐不住了,也听不进老师讲课。

我教训了她很多次,也讲了很多道理,但是一点作用也没起,渐渐地,我发现在做游戏和活动中能培养她的自制力。比如,和她玩老师和学生的游戏,让她做"老师",她就很有耐心,也很懂礼貌;学校组织安全教育活动,老师让她当"警察",她竟然能站上20分钟以上不动弹;和她一起过家家,我让她做"妈妈",她立马变得很细心,说话也温柔了很多。

就这样,我不断和女儿一起做游戏,带她参加各种活动,她的自制力得到了积累，终于形成了一种习惯，能在课堂上认认真真地听老师讲课，也很少和同学吵架了。

从这位父亲的经验看，做游戏和参加活动确实对培养孩子的自制力有很大的帮助，孩子能在自然生动的条件下发展自制力。所以，父母不妨从孩子感兴趣的事情上出发，激发孩子的兴趣和注意力，一步步培养孩子的自制能力。

3. 爱孩子，但切勿溺爱

哪个父母都爱自己的孩子，但很多父母爱得有些过度。要知道，溺爱只能使孩子变得任性、自私、意志薄弱，不善于克制自己。这方面，家长的态度要统一，不能姥姥说可以再看一集动画片，而妈妈却不同意；也不能妈妈说周末只能去动物园，没有时间再去植物园，而其他家人却告诉孩子两个地方都可以去。

同时，父母还要注意训练孩子进行行为识别的能力，让他知道，有些事能做，有些事不能做。长此以往，孩子心中就会慢慢形成一架道德"天平"，在做某件事情之前，他就自然会有所考虑，有所节制了。

4.要做孩子的表率

我们多次提到，父母是孩子的一面镜子，孩子会看着镜中的"自己"进行模仿和学习。所以，想要培养孩子的自控力，父母必须先善于控制自己，为孩子做出表率。

比如，父母不要随便发牢骚，抱怨这抱怨那，也不要只顾玩，不顾家，否则，孩子会在这种潜移默化的影响下，也让自己成为一个乱发牢骚，不能克制自己的人。

总而言之，对孩子耐性的培养是一个缓慢的过程，需要父母在日常生活里坚持为之。通过平时的一件件小事，对孩子进行锻炼和培养，那么孩子就会逐步得到提高。需要提醒的是，孩子的耐心容易出现忽进忽退的现象，父母们发现这种情况后不必着急，只要耐心地坐下来和孩子分析原因及对策，就能顺利地帮助孩子逐步克服急躁的情绪，变得耐性十足。

教孩子学会灵活应变

卿卿的父母因为有急事，晚上都回家很晚。这下可愁坏了11岁的卿卿。下学后，不知所措的卿卿坐在家门口的楼梯上，苦苦等了五六个小时，如果不是被好心的邻居发现并领回家中照顾她吃饭，她很有可能就在门外待到深夜了。

当天晚上，隔壁邻居齐阿姨下夜班后回到家，发现卿卿在门口坐着哭，经过一番询问才知道，原来她爸爸妈妈临时有急事回不了家。齐阿姨心里正想埋怨孩子的父母，可以一看她家门上贴了一张纸条，上面写着让卿卿回来后直接去奶奶家里过夜。

卿卿说，她根本没注意那张纸条，只顾哭了。好心的邻居觉得太晚了，再让卿卿去奶奶家很不方便，于是就把她领到自己家里，安排食宿。

其实，卿卿都上小学五年级了，按说这么大的孩子能够独自面对一些问题，可她见门锁着，自己进不了家，就这样干等好几个小时。如果她能够临阵不慌，想想办法，可能就会发现父母留的纸条；退一步讲，即便没发现纸条，卿卿在等到一定的时间之后，趁着天色不晚，也该去距离不太远的奶奶家。

之所以如此，很可能和她父母平时凡事一手包办有关。当遇到一些突发事件，自己应变的能力之差就显现出来。这种情况不能不引起父母们的担忧。

同样是孩子，同样是遇到困境，美国小孩的做法却是另一个样子。

有这样一则报道，美国一个只有7岁大的孩子，一次突遇大雪，并且与外界失去了通信联络。而那天，他的母亲进入迎接一个新生命的临产状态。这个孩子并没有慌张，而是成功地帮助母亲分娩了弟弟。

试想，如果这个孩子在这种情况下，也像卿卿那样感到无助，只会用哭来面对的话，那么他的母亲和弟弟可能会遭遇不测。而他在困境面前，没有紧张和慌乱，成功地帮助了母亲。

事实上，孩子生下来就是个独立的个体，当他步入幼儿园，脱离开父母的怀抱，就已经成了一个社会人。面对纷繁复杂的生活环境，面对突如其来的事态变故，要保证孩子的健康和安全，我们在教育孩子成才的过程中，就一定要随时注重培养孩子的应变能力，使孩子掌握高超的应变技巧。只有这样，在遇到紧急情况时，孩子才能够临危不乱，沉着应对。也只有这样，才能将有可能产生的损害降低到最低限度，获得最好的结果。

1. 设置一些情境，演练孩子的应变能力

孩子的应变能力是指日常生活中一点一点培养起来的。父母可利用现有的条件，有意识地为孩子设置一些"突发事件"，通过经常性地演练来培养孩子的应变能力。

比如，父母去上班了，只有孩子一个人在家。这时候突然有人敲门，怎么办？或者只有孩子和姥姥在家，奶奶突发重病，孩子该怎么处理？或者忽然停电了，孩子该怎样去点蜡烛、打开手电筒；或者遇到陌生人问路，怎么样才能

避免被骗……

诸如此类的紧急情况，父母可以通过假设场景来锻炼孩子的灵活应变能力，让孩子学会不慌张、不莽撞。

2. 在实践中培养孩子的应变能力

我们常说理论要付诸实践。的确，即使说得再头头是道，没有切实的实践，也是难以出实际效果的。在培养孩子应变能力这方面同样如此。父母可以让孩子多参加富有挑战性的活动。在实践活动中，他很可能会遇到各种各样的问题和困难，这时候父母尽量让孩子自己去解决，解决问题的过程，也正是培养孩子应变能力的过程。

另外，我们也可以通过扩大孩子个人的交往范围的方式来培养和提高孩子的应变能力。因为当学会了应对各种各样的人，孩子自然更容易应付各种复杂的环境和社会问题。

我们都知道"让梨"的孔融。据说，在他10岁那年，一次跟着父亲到名士李膺家做客。前来拜访的客人中还有其他一些社会名流人物。其中，一位叫陈韪的大夫不以为然地对孔融讥讽道："小时候聪明，长大了未必也聪明！"陈韪此言一出，全场默然，人们纷纷把目光投向孔融。但是令众人没想到的是，孔融毫不慌张，而是机智地说："我想，先生在小时候一定很聪明吧？"此言一出，令在座的人们甚为吃惊，人们不约而同为孔融鼓起掌来。而陈韪呢，只得尴尬地待在一旁，再也不敢乱吱声。

3. 要防止将孩子培养成"小滑头"

对孩子进行灵活应变能力的培养，我们的目的是用来应付一些突发的新情况的。但这并不是要培养孩子成为一个"小滑头"。因为应变过程一般不需要去骗人、去说谎，只不过有些情况不能随便便告诉别人。所以，我们在培养孩子应变能力的时候，还得注意把它和撒谎、欺骗区分开来。

每个人都可能面临来自各方面的困扰。我们的孩子同样不例外。做父母的，就有责任，有义务努力培养孩子的灵活应变能力，这样才能让孩子有效化解来自各方面的困扰，也才能保持健康积极的心理状况。

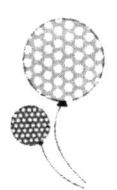

教导孩子言要有信，行要有果

优优的爸爸收到好朋友送来的两张木偶话剧的门票，这是演员们在那所小城的最后一次演出了。

回到家之后，优优的爸爸告诉了儿子，晚上要带他一起去看木偶剧。优优高兴极了，木偶剧是他非常想看的节目。

可是，正当优优在车库旁等着开车过来的爸爸时，小伙伴松松的妈妈迎面走来。松松的妈妈看到优优，热情地对他说："多多已经准备好了，时间也差不多了，现在去我家怎样？"

此时，优优的爸爸已经把车开过来，停在优优身旁。两位家长打过招呼之后，优优爸爸发现儿子明显有些不自在，就问道："有什么事吗？"

"松松要……过生日，邀请……邀请了我去他们家。"优优吞吞吐吐地说。

优优爸爸接着问："既然你们已经约好了去参加生日 Party，为什么还和我去看木偶剧呢？"

优优有些难为情地说："我听到你说要带我去看木偶剧的时候，我就已经不想去参加松松举办的生日Party了，我想看木偶剧。"

一旁的松松妈妈微笑着说："原来你要去看木偶剧啊，既然你这么想去，那就和爸爸去好了，等有机会再去我家。"

但是，优优的爸爸并没有因为松松妈妈的说情，就让优优去看木偶剧，而是认真地对优优说："这样做的话，只能说明你是个不讲信用的人。答应了别人的事不去做，以后别人还怎么会信任你？"

听了爸爸的话，优优明白了其中的道理，他对爸爸说，今天不去看木偶剧了，他要参加松松的生日Party，不能让松松白等自己。

说完，优优跟着松松妈妈开开心心地去松松家了。

俗话说，人无信则不立。优优的爸爸在教导儿子讲诚信方面，很显然做得不错。如果他径直带优优去看了木偶剧，虽然满足了儿子当时的需求，也不至于打乱自己的计划，但是那会失去让优优建立诚信意识的机会。所以说，要想让孩子成为一个讲诚信的人，父母就得在生活中注重一点一滴的培养。

如果孩子从小就学会了对家长说谎，慢慢地他可能就开始在考试中作弊、对老师撒谎、对同学欺瞒，在长大后，他可能会欺骗朋友，对领导谎话连篇，对家庭不负责任，成为一个不受欢迎的人。

事实上，诚信做人不仅能使我们待人接物坦荡无私，而且可以使我们内心坦然。相反，说谎、虚假、欺瞒，则会折磨我们的良心，使得我们无时无刻不处于一种灰暗的、忐忑不安的、紧张不已的状态。

美国著名小说家西奥多·德莱塞曾说过："诚信是人生的命脉，是一切价值的根基。"的确，一个人若是讲诚信，那么他将赢得他人的尊重和信赖，可以说，诚信是无价的隐性资产。

一位著名的教育专家曾经表示，真正的诚信就是一块闪光的金字招牌，它能让那些透过灰尘看见金子本质的慧眼，对他刮目相看。一个从小就懂得讲诚信的孩子，他就会在交际上赢得朋友，在工作中拥有伙伴。诚信就如同孩子人生的通行证，为其一生铺垫最坚实的亮色，照亮其未来的人生之路。

父母们要知道，家庭教育中的诚信教育绝不仅仅是家庭的责任，它还关乎未来公民素质的培养，是每个家庭在社会文明进程中应尽的义务。

下面，我们就来看一下，父母应该具体从哪些方面培养孩子的诚信意识：

1. 父母要树立讲诚信的榜样

虽说大多数父母都知道讲诚信的重要性，但并不是所有人都能做到这一点，特别是面对孩子的问题时，有些家长会秉持"孩子好糊弄"的观点，经常对孩子食言，答应孩子做什么，到头来却并没有付诸行动。

周五晚上，洛洛和妈妈说起很多小朋友最近都去春游的事。妈妈问他是不是也想去？洛洛点点头，并问妈妈："什么时候可以带我去啊？"妈妈想了想说，下个周末吧。

看到妈妈应允，洛洛很开心。终于过完了"漫长"的一周，迎来了洛洛和妈妈约定的去春游的周末。

可是很不凑巧，洛洛妈妈想在那天去看望一个生病的同事，于是洛洛妈妈就想再推后一周。这下，洛洛爸爸不同意了，他说："你既然答应了孩子，就该兑现诺言，否则让他怎么相信你？"最后，洛洛爸爸建议，妈妈早一些去看望同事，争取中午之前赶回来，然后再带洛洛去春游。

对于这一决定，洛洛和妈妈都表示同意。这一天，洛洛和爸爸妈妈玩得很开心。虽然他们很忙碌，但因为践行了对孩子的许诺，即使忙碌也觉得很值了。孩子呢，则在这种榜样的影响下，懂得了讲诚信的重要性。

一次，晚上9点多，洛洛都上床睡觉了。可是他想起来答应今天给邻居小伙伴瑞瑞拿一份参考资料，于是赶紧下床，给瑞瑞打了电话后，然后拿着参考资料出了门。

不难想象，一个对孩子不讲信用的家长，又怎么能培养出讲诚信的孩子来呢？因此，作为父母，我们一旦对孩子做出了某种许诺，就一定要做到，即使因为某些客观原因无法兑现，也要对孩子讲明原因，请求孩子的谅解。否则，会让孩子对父母产生不信任感，认为父母说话不算话。久而久之，孩子也会效仿父母，成为一个不讲诚信的人。

2. **在孩子表现出诚信行为时要及时赞扬**

有时候，孩子会在无意识中表现出诚信的言行，比如，他答应把自己心爱的玩具送给小伙伴，并且真的做到了。这虽然是孩子一种无意识的"诚信行为"，但家长应该用表扬来强化孩子这方面的意识，而不要心疼玩具被孩子送人了而斥责他。

孔孔是幼儿园大班的一个小朋友，一次和小伙伴玩耍的时候，为了得到对方的玩具，孔孔当即答应玩耍结束后，让对方来自己家吃冰棍。孔孔果真说话算话，和小朋友玩够了后，领着人家来到自己家，从冰箱里取出了两根冰棍，招待起小伙伴来。

见此情景，孔孔妈妈称赞儿子是个讲诚信的好宝宝，并且希望他以后继续保持。

3. **尊重孩子和伙伴及他人之间的"约定"**

有时候，孩子们之间也会约定一些事情，比如周末去谁家做功课，放暑假和谁一起学游泳、绘画，等等。如果碰巧家长在同一时间需要带孩子做别的事情，但凡知道孩子和别人约好了之后，就要尊重孩子，而且对孩子履行约定的行为要大力支持。

4. **不要随意惩罚孩子的"说谎"行为**

有时候，孩子会说一些"谎话"。有的家长在看穿孩子的谎言后，会极力揭穿孩子，并且进行一番批评。这些家长或许不知道，孩子的撒谎行为并不是与生俱来的。

一般来说，孩子撒谎，很可能是受到父母的不良影响，或者是父母对孩子不守信用、或者是孩子害怕说真话受到父母责骂、或者孩子只是即兴而为。

面对这种情况，父母不必大动肝火，不问青红皂白地就对孩子惩罚一通。明智的做法应该是，耐心地启发孩子，让孩子认识到自己撒谎是一种不良行为。当孩子接受了父母的教育，承认了自己的错误，父母就应该原谅孩子并且给予鼓励和监督。

信用是一个人立身行事的根本。作为父母来讲，无不希望孩子成为诚实、守信的人，因为他们知道，诚信是做人之本，也是成才的必备要素之一。所以，他们将对孩子的诚信教育作为家庭教育中一个重要的组成部分，使孩子能够在步入社会后更好地立足和发展。

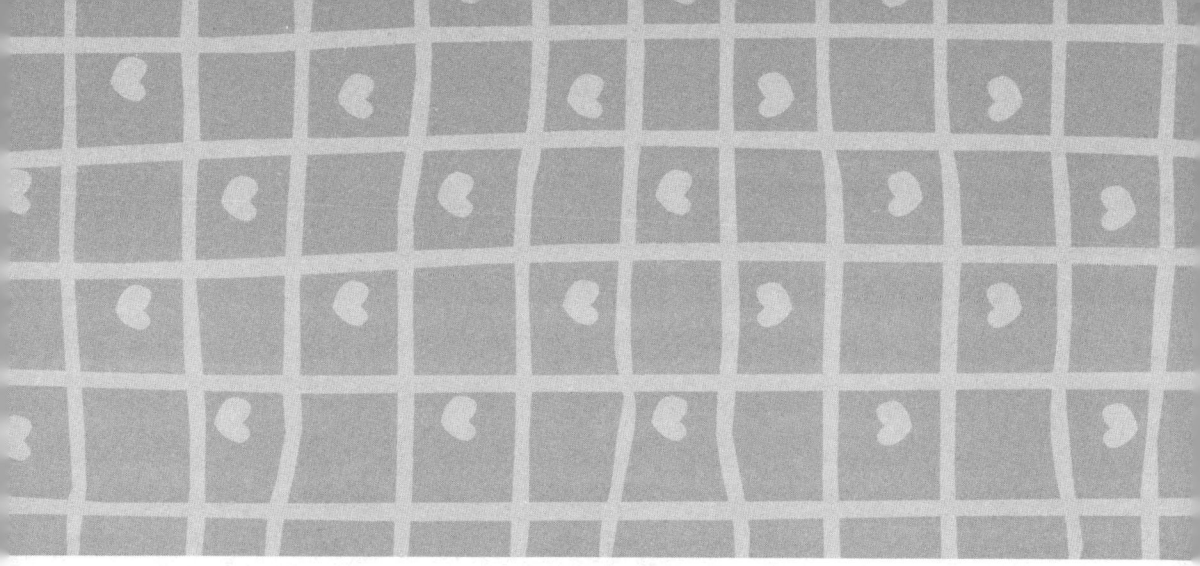

第五章
不妨让孩子"胆大包天"，抗挫折的孩子有勇气

人在一生中需要不断地迎接新的挑战和新的挫折，只有这样才能不断向前。这就需要我们具备一种不怕困难和挫折的勇气。孩子由于缺乏生存经验和成熟的世界观，所以经常会流露出怯懦、胆小、对陌生事物害怕的情绪。但勇气不是与生俱来的，家长完全可以在言传身教的过程中赋予孩子一颗勇敢的心。

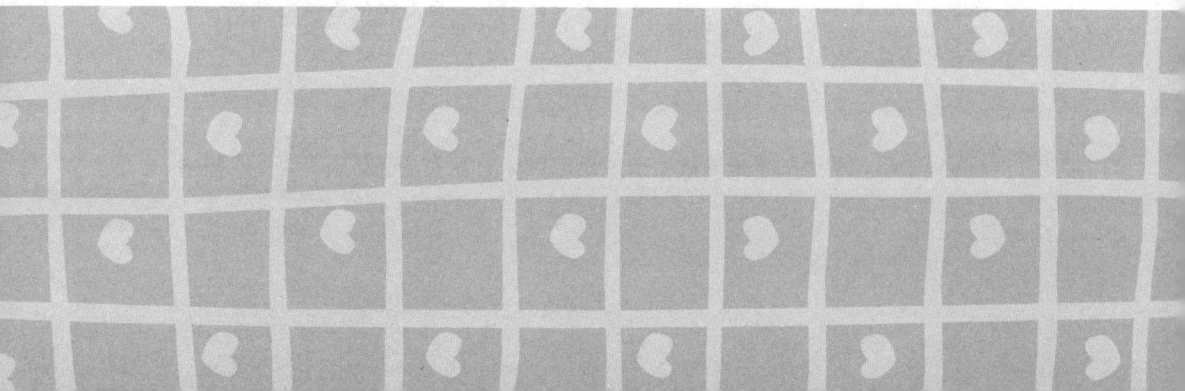

培养孩子主动进取精神

明艳上小学的第一天,爸爸就对她说:"明艳,你现在已经是一名光荣的小学生了,如果你能认真学习,方方面面表现出色的话,就能成为一名优秀的少先队员,就可以像邻居家的明明哥哥一样戴上红领巾。"

明艳听了爸爸的话,懂事地点点头,心里就有了一种学习的动力,对学习十分重视,老师布置的作业总能很快地完成,而且力求做到最好;班里有什么活动,她也总是积极参加,那种劲头,一点也不亚于小男孩……

一学期过去了,明艳无论是在学习还是思想品德上,都得到了同学和老师的好评,她不但如愿以偿地当上了少先队员,还积极参与班长的竞选,最后居然以半数以上的票当选。

在明艳的成长过程中,爸爸针对不同的情况给她制定目标,上中学,让她争当团员,上大学,让她竞选学生会主席。大学毕业后,明艳已经完全不需要爸爸为自己确立目标了。

可以看出,明艳的爸爸通过给孩子设定目标的方式,帮助孩子树立积极进取的意识，从而使明艳一步步成熟起来。

毋庸置疑，积极进取是人的性格中非常重要的个性特征，它能推动孩子顽强地向着未知的世界进行不断地探索，促进孩子智力的发展，强化孩子的意志，是孩子成才的重要因素，积极上进的孩子才能获得成功的喜悦。

每一个孩子，出生后的那一刻，智力并没有很大差别，但是等孩子长大后，有些父母会奇怪地发现：邻居家的孩子和我家孩子差不多同一时间出生的，他家的孩子现在思维很活跃，做什么事都在我家孩子前面，好像无论做什么都要争第一，而我的孩子总是跟在人家屁股后面，甘于落后，即使落后了也不着急。

虽然孩子的个性与天性有点关系，但更重要的还是父母后天的教育。在生活中，女孩更容易依赖父母，更喜欢跟从父母的决定和意见，久而久之，进取之心得不到有效的引导，也就渐渐地消失了。

因此，孩子随着年龄的增长和自我意识的增强，就开始探索人生和自我价值，作为父母，应该不失时机地进行正确的引导，使孩子懂得：成功的门是虚掩的，只要敢于追求，积极进取，就能够冲破这扇门，步入成功者的殿堂。

1. 给孩子创造良好的家庭氛围

家是孩子的"小世界"，父母是孩子的第一任老师，孩子在父母的教育和影响下开始认知世界，开始形成人格和才能。事实证明，良好的家庭氛围有助于孩子的健康成长。同样，孩子积极进取心的培养，也需要父母给孩子创造良好的家庭氛围。

岩岩的爸爸在她小的时候，就经常和她做游戏、玩耍，平等地和她聊天，耐心地听孩子诉说，关心她、尊重她、信任她，让岩岩觉得爸爸既是父母又是朋友。由于建立了平等、民主、和谐的家庭关系，岩岩对父母无话不说，对父母的教导也很认同。

此外，爸爸非常注重以身作则，爸爸总是以积极上进的态度对待自己的工作和生活,积极参加单位组织的各项活动,用自己积极的人生态度影响着岩岩。在岩岩做作业的时候,爸爸从不在一边看电视,而是和岩岩坐在一起看书;每当学校开展什么活动,爸爸也总是鼓励岩岩去参加。

在爸爸的培养下,岩岩成了班里最积极的孩子,凡是有活动,她总是第一个举手参加,而且还喜欢出一些好的点子,在学习上,即使一时考不好,岩岩也不用大人操心,而是更加努力地学习,争取下次取得更好的成绩。

2. 让孩子自己作出选择

一位成年人曾这样说:"我父母从小就教我做理智的决定,他们相信我自己的判断能力,从不强迫我依他们的方式去做事,所以,我取得了今天的成绩。"专家们都认为,让孩子自己作出决定,有助于他们建立自信。教导孩子作出明智的选择,并要相信他们的判断能力。其实有些事情父母一般是不太赞同的,但只要孩子决定做的事是合法而又没有危险的,父母应尽量不去干预。如果你要孩子相信自己有能力和勇气去做某件事情,你得先表示对他有信心。

3. 及时发现孩子的点滴进步

孩子十分重视父母对自己的评价,当他得到了父母的赞扬时,他往往会信心百倍,会在以后的学习和生活中积极地展现自己,争取更好的成绩。所以,父母一定要及时发现孩子的点滴进步,及时给他赞扬与鼓励。

菁菁两岁半了,她开始尝试自己洗手、洗脸。一天,爸爸见她进卫生间很长时间了还没出来,很是纳闷,进去一看,菁菁竟然用洗衣粉抹在了脸上,说在洗脸。

爸爸真是有些哭笑不得,不禁说:"你这孩子,哪有用洗衣粉洗脸的,怎么这么笨呢?妈妈每次给你洗脸的时候,你没注意到妈妈用的什么吗?"

菁菁的脸色顿时变得很难看,眼泪"啪嗒啪嗒"往下掉。

对于一个还不到3岁的孩子来说,她自己尝试着做事已经很不容易了,出错是在所难免的,爸爸不但没有鼓励,反而嘲讽和训斥,这就伤透了孩子的心。试想,菁菁还会主动去学习洗手、洗脸吗?那爸爸应该怎么做呢?

当爸爸看到菁菁已经主动洗手、洗脸的意识时,应该首先急于鼓励:"我的菁菁已经会自己洗手、洗脸了呢,真厉害呀,不过爸爸告诉你哦,洗衣粉是用来洗衣服的,香皂才是用来洗手、洗脸的,你试一下,香皂是不是会让我们的菁菁变得香喷喷的呢?"

这样,孩子不但得到了鼓励,下次还会主动洗脸,而且也知道该用什么洗才是正确的。相比两种效果,所有的父母都希望达到第二种,那么,何不尝试鼓励一下我们的宝贝呢?

让孩子拥有说"不"的勇气

小海从小就是个热心肠的孩子,小时候,有小伙伴来家里玩,他会把自己所有的玩具都搬出来和小朋友分享。上学后,同学们也经常向他借东西,有的时候借一块橡皮,有的时候借一支铅笔……对于同学们的要求,小海是有求必应,从来不拒绝。有几次,同学们借走东西后忘记归还,小海也不会主动要回来，等自己需要用的时候，就再找爸爸妈妈买。

对于儿子乐于助人，小海的爸爸妈妈都很开心。但是他们也生出一些焦虑，孩子太诚恳，太热心了，对于别人的要求常常是满口应允，不会说半个"不"字。为此，小海的爸爸妈妈怕小海为了同学间的情谊，即使面对不合理的要求也不拒绝，长此以往，必然会对他的学习和生活没有好处。

每位父母都想培养一个有教养的孩子，希望孩子懂得与人分享，养成慷慨大方的美德。只有这样，才能获得别人的友好、信任和尊重。我们相信，上面故事中小海的父母给予孩子的教育就是"要学会分享，要助人为乐"，但是由于孩子没把握好尺度，以至于全然放弃了拒绝别人的权利，这对他的成长显然不利。

不可否认，当别人有求于自己的时候，作为好朋友，自应尽力从精神或物质上给予帮助。但是，如果对于别人提出的要求一概答应，从不考虑自己的实际情况和真实想法，结果只能是得不偿失。

诚然，拒绝委实不是件容易的事。有些人在拒绝对方时，因感到不好意思而不敢据实言明，致使对方摸不清自己的意思，而产生许多不必要的误会，同时也容易给自己的心理造成压抑。大胆地拒绝别人，是相当重要却又不太容易的事情。从这个角度讲，教会孩子学会拒绝，敢于大胆地说"不"，将使孩子受益终身。

1. 教孩子学会明辨是非，懂得取舍

拒绝别人通常有三种情况：一是"不可以"，二是"不愿意"，三是"做不到"。

如果是第一种，即使对方和自己的关系再铁，即使对方的建议很具诱惑力，都必须坚决拒绝。比如朋友约自己去偷别人的东西，或者考试的时候给他传纸条，等等。类似这样的原则性问题，毫无妥协的余地，如果孩子出于一时的不忍，造成的可能是一辈子的遗憾。

如果是第二种情况，那么就要引导孩子自己衡量一下，接受和拒绝两个选择的结果，哪一个是自己更愿意承受的。

如果是第三种情况，那么父母就应该在事前提醒可能产生的不良后果。父母可以告诉孩子，有些时候，有些事，你实在帮不上忙，如果你答应下来，到最后使人家对你寄予希望却又落空，会感到更失望、伤心甚至怨恨，而你也可能误了别人的大事，吃力不讨好。孩子自然会去权衡利弊得失。如果他还坚持不拒绝的话，那么让他受一受挫折，也许比起父母的说教更能让他汲取教训。

2. 培养孩子的自我保护意识

父母在限制孩子的做法时，应该在尊重孩子的基础上，耐心讲明父母这么做的道理。让孩子明白哪些事情可以说"YES"，哪些要绝对喊"NO"。

14岁的女孩美美在有一天放学回家的路上，遇到一个三十来岁的男士向自己问路。美美出于帮忙心理，详详细细地告诉了对方。但是，这位男士却假装搞不清，一个劲儿地问，最后对美美说："还是麻烦你带叔叔去吧，我实在是找不到啊。"

美美毫无戒备，就带着这位"叔叔"去了他要去的地方，等走到一个僻静的胡同里的时候，只见这个"叔叔"停了下来。就在那个傍晚，美美被男人的兽性淹没了，当爸妈找到她的时候，她孤独地躺在胡同口，脸上挂着泪痕。

类似的事情常见诸报端。其中很多孩子遭受坏人侵犯的原因，就是由于他们不懂得拒绝。由此可见，父母在教孩子拒绝别人的时候，最重要的就是增强孩子的勇气，让他们敢于拒绝别人不合理的要求，以此来维护自身的权益。

3. 营造民主氛围，给孩子表达自己想法的权利

有些孩子，不敢向不合理的要求说"不"，很可能和生活的环境有关。比如，父母从来不给孩子做主的权利，什么事都是"大人说了算"，这样就会扼杀孩子表达自己意愿的能力，致使在别人的不合理要求面前，也说不出拒绝的话来。

所以，要想让孩子敢于拒绝别人，父母就要营造一个民主的家庭氛围，允许孩子把自己的意见、想法充分地表达出来。如果孩子的想法是正确的，父母就要及时给予鼓励和表扬，并采纳孩子的建议。这样一来，不但能培养孩子的独立思考能力，而且能增强孩子的自信心，不害怕别人因为自己拒绝而不喜欢和不接受自己。

4. 让孩子学会运用心理"指令"

有些时候，对于别人的请求，孩子并不想答应，但实际做的和心里想的，却是两回事。针对这种情况，父母要帮助、促使孩子下定开口拒绝的决心，比如，让孩子在心里默念"我认为应该拒绝他的要求"、"没有关系，我向他解释一下，他一定会理解的"，等等。

5. 让孩子直接说出理由

父母要教导孩子，当不愿意答应别人时，可以向对方直接说出拒绝的客观原因，比如自己的状况不允许，或者客观条件限制，等等。通常来讲，这些状况是对方能够认同的，因此较能理解你的孩子的苦衷，自然会自动放弃说服他，并觉得孩子拒绝得不无道理。

说到底，为了孩子能够健康地、有尊严地成长，父母就要教会他们如何平和地、友好地、委婉地拒绝别人的要求。同时，也要培养孩子能够泰然自若地接受他人的拒绝的勇气和能力。让孩子学会拒绝，是每个父母对孩子独立性和自主精神培养的关键点之一。

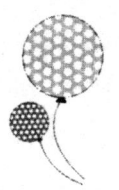

放开手,让孩子尽情探索

有一天,小卡尔正在看一本描写动物的书,当看到书上说老虎是由猫演变而来的时候,他很是不解,于是就询问家里的"百科全书"——父亲老卡尔。

老卡尔知道儿子看的那本书,里面经常会发表一些关于对动物界的猜测或假想的文章。于是他说:"的确有这样的说法,但是到现在都还没有被科学家证实,但是我们都认为这种说法有一定的道理。"

听了父亲的话,小卡尔点点头,然后又充满疑惑地问:"既然猫可以变成老虎,那么为什么现在还有猫呢?难道这些猫不愿意让自己变成老虎吗?"

对于这个问题,老卡尔并没有正面回答儿子,而是继续问道:"你猜猜看,会是什么原因呢?"

小卡尔略微思考了一下,说道:"是由于它们太懒惰了吧!这些猫光顾玩耍,忘了把自己变成厉害的老虎了。"

听儿子这么说,老卡尔很惊喜,他说道:"儿子,你的回答很好,应该和真实的原因是很接近的,懒惰的确是不好的习惯,那些懒惰的猫到现在还只是猫,没有变成厉害的老虎。"

"看来懒惰真是个不好的习惯，可以耽误很多有意义的事。小猫如果不是懒惰，说不定早变成老虎了。"小卡尔默默地说着，"还有人说人是由猴子变来的，是不是也是勤快的猴子变成了人类，而懒惰的猴子到现在还是猴子？"

……

就这样，小卡尔向父亲接连不断地提出各种各样的问题，对那些不懂的东西一直保持着高度的热情。

对每一个从儿子嘴里说出来的问题，老卡尔都尽可能给他最好的解释，直到儿子感到疲倦准备休息为止。

这是著名教育家卡尔·威特在培养孩子探索精神方面的一个小故事，对正在阅读本书的父母想必会有所启发。

爱思考、爱探索是每个孩子的天性，只要生长发育健康，任何一个孩子都会这么做。但是，我们发现，有不少孩子随着年龄的增长，对事物探索的兴趣减少了。上学之后，他们不爱学习，做事情也总是马马虎虎，总是满足于一知半解。这样的孩子结果多是潜能得不到开发，学习退步，长大后也容易一事无成。

但是，对于孩子的探索行为，并不是所有父母都支持和鼓励的，有不少父母觉得这样不够"乖"，会耽误学习的时间，甚至有可能发生危险。

其实，这种想法和做法是很不明智的。例如，几乎所有的孩子都对泥沙和水有着浓厚的兴趣，但有的父母认为那些东西太不卫生，容易让孩子弄脏衣服，便禁止孩子玩这些东西。

拥有这样想法的父母们不知道，孩子之所以对泥沙和水有那么浓的兴趣，是因为它们可以在孩子的手中千变万化，比如泥沙可以堆成小山，也可以用来挖洞；干的泥沙可以到处抛撒，湿的泥沙则可以揉成一团。水则既可以是点点滴滴，也可以是一束水柱；既可以变成冰，又可以化作雾升腾到空气中。

在对物体形态各种变化的观察中，孩子的好奇心和求知欲得到了强烈的满足。也就是说，通过玩沙和玩水，孩子获得了感性经验和相关的知识，并且体验到探索的乐趣。

因此，我们建议父母们，当孩子有了某些大胆的，甚至听起来怪异的想法时，千万别认为是异想天开而加以打击，正确的做法应该是给予孩子支持和鼓励，让孩子积极去探索。要知道很多的发明创造，都是在很多人看来似乎"怪诞"的念头中，由那些喜欢探索的人通过不断努力而实现的。

父母们需要铭记：让孩子自己探索，他们会不断发现"大海"中的很多"岛屿"；而过度地保护孩子，会摧残他们对这个世界本来具备的强烈探索的愿望，失去更多的乐趣和增长知识的机会。

1. 引导孩子观察生活，鼓励大胆提问

在我们平日的生活中，孩子们会用他们的眼光发现常人观察不到的问题。有的父母认为孩子"满嘴胡言"或者脑瓜"不走寻常路"，并为此而责骂孩子，或者敷衍孩子。其实这样做反而在扼杀孩子的求知欲。聪明的父母会利用孩子善于观察这一点，从生活中的一些小事、小细节中启发孩子对事物进行较深层次的思考，并鼓励孩子勇于发现问题，大胆提出问题。

我国著名教育家陶行知说过，"小孩是再大不过的发明家"，他提醒家长："发明千千万，起点是一问。人力胜天公，只在每事问。"孩子提出的问题，家长不一定全能回答，但可以这么说："这些问题我不知道，不过，我们可以通过努力找出答案。"

2. 对孩子的探索行为要多进行启发诱导

很多时候，孩子的探索活动是一个长期的计划，需要家长给予正确的启发和诱导。在每一次探索活动中，家长可以让孩子根据自己的计划去想办法、安排时间、注意安全，等等。然后组织家庭成员展开讨论，让孩子汇报自己的探索成果，从而激发孩子的探索热情和信心。

3. 和孩子讨论问题的时候一定要有耐心

在和孩子讨论问题的时候，要有耐心，而不能急于求成；也不要随意说

"说得好"或"很好",因为过快过早地赞扬可能传递讨论已经结束的信息,而应该说"真有趣"、"我从来没有这样想过"等,这样会使孩子的探索如滚雪球一样越滚越大。此外,父母也不要催促孩子去"想",这种催促,只能使孩子为了急于表现,而去揣测大人希望的答案,并用尽可能少的话说出来,以免因为猜错而受到责备。

4. 满足孩子各方面的自尊心

孩子是慢慢成长的,当他还较小的时候,可能显现不出有多聪明,但是父母要知道每个孩子的成长都有很强的可塑性。因此,我们要尽力满足他们在知识、能力、判断等各个方面的自尊心,避免让孩子觉得自己是个"傻子、呆子";父母不要说"你这个都不懂",也不要说"你不懂,听我来告诉你"。而应在孩子面前表现出自己的谦逊,"爸爸认为,这个问题你应该是了解的,请你谈一谈你的看法。"这样一来,孩子的自尊心就会得到爱护,他也会更加努力地去探索问题,直到找到满意的答案。

诚然,我们生活的世界是一个需要不断创新的世界,这种精神和能力在各个领域中都不可或缺。如果我们的孩子从小养成了爱思考的好习惯,那么长大后对于未知的世界就会富有探索精神,这将有助于他们获得心灵的满足、学习的动力以及事业的腾飞。所以,作为父母,为了让孩子成为人中龙凤,就有必要保护好孩子爱思考的兴趣,让他们的心灵在不断探索中获得成长和满足。

让孩子勇于表达和表现

波波是个两岁半的男孩，但他在生人面前总是腼腆得像个小女孩，如果妈妈要求他与生人说话、打招呼等，他都会非常害羞地钻进妈妈怀里或躲在妈妈身后，不敢看生人一眼，特别怕生的样子。

某早教中心为庆祝六一儿童节，特举办了一场大型的宝宝比赛活动，从七八个月孩子的爬行比赛到三岁孩子的投篮等比赛，活动内容很丰富。那一天，早教中心的小礼堂里，各个教室到处挤满了人，孩子的吵闹声、家长的说话声等喧闹一片。波波妈妈和奶奶也带波波来参加活动。

波波看到这么多的陌生人和热闹的场面，始终让妈妈抱着他，妈妈和奶奶怎么哄他下来都不行。妈妈抱着儿子到礼堂的自由游戏区，那里有许多不同年龄的孩子和家长在塑料垫子上玩着各种玩具和游戏。波波妈蹲下身，放下儿子，她捡起一个球递给儿子，让他到人群里面去玩。波波说什么也不肯，手里拿着球只是依偎在妈妈身边。好久，波波才拿着球爬上了垫子的边缘，妈妈许是累了，要站起身活动一下。波波一转身发现妈妈站起来，他像丢了什么似的，恐惧地从垫子上爬起来扑向妈妈。这次，他说什么也不去玩了。

不一会儿，轮到波波和妈妈参加儿子年龄组的项目比赛了，妈妈抱着他来到比赛区，但波波说什么也不进入比赛场地，一直哭。最后，妈妈无奈地抱着波波退出了比赛。

像波波这样在别人面前不敢表现自己的孩子有很多，这一方面和孩子的性格有关，另一方面和父母家人对他教育教养的方式有关。像波波这个小孩子，他的妈妈是一个护士，经常要在医院加班，难得有时间陪儿子，他的爸爸工作也很忙，波波一直都是奶奶照看。而奶奶是个不善言谈、不喜欢与人交往的老人，她很多时候都是带着孙子在家里玩，很少出门，出门也是他们俩单独在一个地方待着，从不和别的孩子和家长一起玩耍、交流，波波从小缺乏与人交往的锻炼，因而不敢在生人面前表现自己。

孩子在婴幼儿时期的交往能力会对他一生的生活产生重要的影响，他在周围人面前因能否很好表现自己而获得的自信或自卑心理会极大地影响他以后与人交往和交流。因此，父母要鼓励孩子勇敢地在别人面前表现自己。

1. 教孩子学会表达自己的情感

未成年的孩子虽然没有成人那么丰富的人生经历，没有成年人那么丰富的情绪和情感，但他小小的内心世界里也有很多悲伤和快乐，有紧张和焦虑，有喜悦和痛苦，这些情绪情感是绝不能被忽略的。父母要试着去体会孩子的各种情绪情感，并鼓励他适时地表达出自己的情绪情感。

在睿睿只有两岁左右的时候，他就能比较准确地表达自己的感受了，只要他小小的心里有什么不舒服或高兴他都能比较准确地表达出来，让父母能理解他的内心感受。而这主要得益于他的母亲对他合理的引导和教育。

比如，睿睿的玩具第一次被别的小朋友抢了，妈妈就对他说："小哥哥抢了你的玩具，你是不是生气了？"睿睿摔倒后哭了，妈妈就说："你摔倒了，腿是不是很疼啊？你是不是很难过？"虽然最初睿睿并不知道"生气"、"疼"、

"难过"的含义，但妈妈准确结合他的感受用的次数多了，他就慢慢理解了，并且在妈妈的鼓励下，自己就能很好地用语言来表达自己的感受了。

在孩子大一些的时候，父母仍要在孩子有情绪情感变化时鼓励他用语言表达出来，同时给予他情感的支持和理解，逐步提高他的情感表达能力。

2. 正确表达自己的观点和要求

教育孩子正确表达自己的观点和要求，就要给他表达自己的机会，让他充分向父母、向周围的人展示他的内心所想，让他在不断的表达实践中能够锻炼得清楚准确地表达自己的内心想法。

陈先生时两个孩子的父亲，也是一家中学的校长，他对教育孩子一直有着自己独到的见解。在孩子们还小的时候，陈先生就会经常组织一家人召开家庭会议，目的就是让孩子们多发言，多表达自己的意见。最开始，孩子都很胆小，也会说些不着调的话，陈先生会慢慢纠正孩子们的这些错误，让孩子能从重点上分析并表达自己的的观点和要求。

在孩子们上中学之后，陈先生在决策很多大事的时候都会汲取孩子们的建议，事实证明，正是因为孩子们的这些良好的建议，陈先生连续几年被学生们选为"最受欢迎校长"。

所以，父母们要给孩子表达自己的观点和要求的机会，给他们充分的表达自由，这样孩子才会有更加灵活的头脑与更加自由的心灵。

每一个孩子要在这个社会生存和生活，都要与人打交道、与人进行交流和交往。而要与人交流和交往，非常重要的一步就是要准确地向周围的人表达、表现自己，这样才能让别人更好地了解自己，尽可能地减少误会和伤害。所以，教孩子学会表达、表现自己成为教他进入社会的一个重要环节。

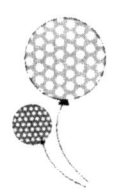

引领孩子走出自闭的天地

张女士最近很发愁,因为每次送儿子韩冰去上幼儿园,他都要使劲儿地哭,并攥着妈妈的衣角,喊着:"妈妈,我不上学,我要回家……"虽然如此,张女士还是一咬牙将儿子留在幼儿园。但每到晚上接他回家的时候,韩冰总是一脸沮丧。下课后,小朋友们都要一起在游乐场玩一会儿,而韩冰却总是嚷着要回家。妈妈问他为什么,他也不回答。

一次送完韩冰,老师叫住张女士,跟她反映了韩冰的情况。老师说,韩冰从不与同伴一起玩,上课时也从来不像其他孩子那样争着举手发言,老师主动把他叫起来发言,他总是默默站起来,一句话不说,小朋友们在一起开心做游戏时,他总缩在旁边不出声,一副闷闷不乐的样子……

听老师这么一说,张女士更加着急了,这么大的孩子在人们的眼中应该是调皮好动、天真活泼的,为什么自己的孩子却这么孤僻离群呢?

其实不止韩冰,现在很大一部分孩子都存在孤僻离群、不爱与人交往的问题。尤其是现在的独生子女,缺少玩伴,在家里又娇生惯养,导致他们喜欢独来独往，交往范围相对狭窄，精神世界也日益封闭，最后形成了孤僻自闭的性格。

一项调查表明，我国现在约有150万的孩子有自闭倾向，而且正在以10%到17%的比例增长，已达到人口比例的千分之一。自闭的严重程度远远超出人们的想象。

儿童心理学家表示，自闭存在于孩子的潜意识里，可能是孩子在现实生活里难以达到自己的目标，产生了自卑的情绪，或是因为孩子承受着很大的压力，还有可能是因为对现实不满，但是自己能力有限，无法改变现状，进而对自己失去信心等。这些都是孩子产生自闭的原因。

通常来看，自闭的孩子通常是与世无争的，性格比较温和，他们一旦无法接受生活中的尔虞我诈，就会将自己包裹起来，为了少受些伤害就有了自闭的倾向。之所以如此，多是由于孩子缺乏自信，不敢面对现实所致。

有自闭倾向的孩子通常存在一定的人际交往障碍，在语言沟通方面也会存在困难。其中的原因一方面可能是先天因素，另一方面就是后天培养适当所致。

如果是前者，即孩子患的是医学上的自闭症，那就需要父母到专业的机构咨询，用科学的方法帮助孩子摆脱自闭。但是，如果孩子的自闭是在后天的环境中形成的，那么父母就要加强和孩子的交流，通过日常生活中有意识地培养孩子的自信心，来帮助孩子早日摆脱自闭的封锁。

我们相信，只要父母能及时发现并采用正确的方法，那么孩子一定会慢慢走出自闭，成为一个独立、自信的孩子。

1. 多陪伴孩子，让他感受到父母足够的爱

现在有很多父母，仅仅承担了生育的任务，然后就把孩子交给老人，自己忙工作去了。殊不知，这样很容易让孩子因为体会不到父母的爱而产生自卑、哀伤的情绪。

妈妈发现，3岁的儿子牛牛最近几个月不怎么爱说话，不像其他同龄孩子小嘴巴呱唧呱唧说个不停。即使逗他玩，他也没什么回应，而且自己也不愿意主动做一些事。

见此情景，妈妈觉得问题重大，于是就带孩子去看了心理医生。经过诊断，医生给出的结论是，由于父母对孩子照顾不够，孩子觉得自己被大人忽略了，因此不爱说话，也不敢大胆地做一些事。

他会觉得，爸爸妈妈不陪他，也就是不爱他了，他用这样的方式来抗议。听了医生的话，妈妈感到愧疚极了。从那以后，她推掉了一部分工作内容，腾出时间来多陪伴儿子。果然，没过几个月，牛牛变得爱笑爱说，妈妈看到变化巨大的儿子，别提有多开心了。

如果牛牛的妈妈没能及时发现并作出改变，那么牛牛的自闭倾向可能会越来越严重，到那时候再恢复恐怕也会有很大的难度。所以，父母要善于观察孩子，及时发现孩子的自闭倾向，然后采取正确的方法，尽快把孩子拉回活泼开朗的状态中来。

2. 父母要积极创建欢愉的家庭氛围

我们常说环境造就人。不可否认，环境对于一个人的情绪、心理及身体状况都有着至关重要的影响。特别是对正在成长中的小孩子来讲，他所处的生活环境对性格的形成和发展更是意义非凡。如果展现在他面前的是，父母亲密和谐、互敬互爱，那么孩子就会感受到温馨和愉悦，心情也会开朗。

小茹的爸爸妈妈都是火暴脾气，动不动就吵架，根本不考虑小女儿的存在。他们的坏情绪还经常牵连到孩子身上，和孩子说话也没有好声好气。这种环境让小茹很难过，也缺乏安全感，她甚至会认为是因为自己才导致父母吵架的。久而久之，小茹内心的自卑感越来越强烈，在同学们面前她总是低头不语，也不主动回答课堂上老师的提问。

无疑，小茹是个可怜的孩子。在这种整日吵架的环境中长大，她承担着一个孩子本不该承受的压力。长此以往，便不再喜欢和外界交流，将自己封闭了起来。所以，为了让孩子拥有良好的性格，父母要努力创建欢愉的家庭氛围，给孩子一个温馨和欢乐的环境，这样的孩子才会活泼开朗，远离自闭。

3. 要让孩子学会宣泄不良情绪

谁都会有不良情绪出现，小孩子同样如此。特别是自闭的孩子，由于他们常常对自己不够自信，总觉得自己做得不够好，但由于缺乏生活经验，不知道怎样来表达自己内心的情绪。因此，父母有必要担负起帮助孩子准确表达自己情绪的任务，让孩子在一定范围内合理地宣泄自己的情绪。

比较简单可行的办法是，让孩子将内心的坏情绪写下来，或者大声喊出来；或者父母鼓励孩子用兴趣爱好，把坏情绪转移过去。相信通过这样一些方式，你的孩子就能及时宣泄不良情绪，保持心理健康。

4. 鼓励孩子走出去，从社交活动中练就自信心

通过接触外面的人和环境，孩子会学会和他人联络感情，增长见识，提高应变能力和活动能力等，这些对孩子的身心健康是大有裨益的。

所以，父母不要一味地限制孩子的自由，不允许孩子走出去，那样的话，很容易使孩子产生逆反情绪，产生自闭心理。

古希腊著名哲学家亚里士多德曾经说过："人是社会的动物，因此，人不可能独立于社会而存在。一个人必须在与他人的交往中，才能完成社会化过程，使自己逐渐成熟。"如果一个孩子从小太过孤僻离群，长大以后会变得不爱与人交往，很难与他人合作、友好相处，甚至容易走极端，很难适应社会生活，对孩子的人生会产生极大的影响。

一个自闭的孩子，由于缺乏自信，便不会到外面接触广阔的世界，他心中的理想和目标也就难以实现了。这显然是父母们不希望看到的。为此，父母们要细心观察孩子，一旦发现有自闭倾向，就要及时进行干预，以尽快帮孩子重获自信心。

告诉孩子死亡的真相,让他不再惧怕

馨馨的外婆去世了,这是她5岁多的生命里第一次面对死亡。看到爸爸妈妈及全家人悲伤的样子,馨馨也时不时掉下眼泪来,一副十分难过的样子。

从出生以来,外婆几乎每天都陪伴在馨馨身边,直到去年生病住院,才和馨馨分开得多了。爸爸妈妈知道馨馨和外婆感情很深,但他们又怕孩子承受不住,对于让不让馨馨参加外婆的遗体告别有些犹豫。

为此,馨馨妈妈向自己一位研究儿童心理学的朋友请教。朋友告诉她说:你们可以跟孩子讲一些关于外婆去世的事,比如会穿什么样的服装,房间会怎样布置,外婆的遗体会摆放在何处,等等。还可以事先让孩子知道,参加葬礼的人会因为难过和思念而哭起来。当然,如果孩子自己不愿意参加,就不要勉强她。

死亡,对任何人来说,都是个有些沉重的字眼。但是也是任何人都要面对的事实,因为每个生命体都有其终结的一刻,这也就意味着我们都必须面对死亡。

小孩子也不例外。他们最先面对的死亡可能是一只小猫或小狗,也或许是一条缺氧的小金鱼,也有些孩子第一次面对的死亡则是自己的祖父、祖母的去世。种种不同的死亡都会让孩子感受到悲伤和恐惧,他们会为身边人或动物的离开感到难过、感到可怕。

当孩子询问为什么会死亡,死了之后他们去了哪里时,有的父母可能会告诉孩子,他们去了天上,变成了小星星,有的父母可能会说死了就是没有了,彻底消失了,也有的父母干脆告诉孩子:长大了你就知道了!

对于父母们给出的答案,孩子多是一知半解,依然困惑。

那么,我们该怎样跟孩子讨论死亡这一问题呢?

关于这一点,美国的教育采取的是直截了当的方式。对于孩子提出的"死亡问题",美国家长总是做出最为直截了当、简单明了的回答,并尽量避免似是而非或模糊不清。

另外,美国的一些学校里,还专门开设了"死亡课",聘请一些受过专门训练的殡葬行业从业人员或护士给孩子们讲解,通过做游戏、演话剧等方式,让孩子知道死亡的概念。

或许孩子在参加完祖父、祖母的葬礼后,会受到奇妙的思维逻辑影响,认为死亡是可以逆转的,或者死去的人总有一天还会活过来。这些念头都是正常的,也是孩子思维发展过程中所必经的阶段。

父母所要做的,不应该是欺骗,而是实事求是地告诉他死亡的真相。父母绝对不能用睡觉来指代死亡,这样很容易造成孩子害怕睡觉,生怕自己睡着后再也无法醒来。而告诉孩子"死去的人去了天上的世界"有时也并不明智,这样或许会让孩子产生对飞行的恐惧。

作为父母,不但要正确地告诉孩子死亡的真相,还要给予适当的安慰。如果孩子担心自己的爸爸妈妈也会死去,那么你就可以告诉他:"我们现在还年轻,等到你长大了,再过很多年之后,我们才会变老,到很老很老的时候,可能会生病,然后才会死亡。"将这种事情推迟到遥远的无法想象的未来,对大多数孩子来说是很好的安慰,当他了解到自己还没有长大,就不会担心父母的突然死去了。这样既能让孩子得到合理的解释，又能满足孩子对安全感的需求，从而让他的心灵健康成长。

1. 通过自然的灌输，让孩子了解生命的周期

春天盛开的鲜花，到了秋天就会凋零，如果父母引导孩子对其进行观察和关注，那么孩子潜移默化地就会在头脑里认识到"生"和"死"。当孩子好奇为什么老年人满头白发时，父母也可以告诉他这是衰老，是生老病死环节中的一部分。慢慢地，孩子对于死亡问题就敢于讨论，将来面对宠物或者家人去世时，也可以更好地面对了。

2. 用孩子可以接受的语言讨论死亡的话题

孩子还小，对于"死亡"还处在朦胧的认识当中。这就需要父母用他们能够接受的语言，告诉他什么是死亡，为什么会死亡，等等。这时候孩子可能会加入一些"想象"，如非必要，父母也不必推翻孩子的想法。

网友木木妈就做得不错，我们来看看她是怎么和孩子谈论死亡的。

木木爷爷过世几年了，他们也没见过面，可是不久前木木突然问妈妈：

木木："爷爷是不是死了？"

妈妈："是的，爷爷是死了。"

木木："死了就永远永远都看不见了吗？"

妈妈："你是看不见爷爷，但爷爷看得见你呀，他正在天上向下看着你呢。"

木木："是在天堂吗？"

妈妈："对，是天堂。天堂很高，要一直向上飞才能到。"

木木："爷爷一直一直看着我吗？"

妈妈："对呀，爷爷最喜欢木木了，他总是看着你的。"

木木："那爷爷活多少岁就死了呢？"

妈妈："73岁。"

木木："我永远永远都不要死，妈妈也不要死，好不好？"

妈妈："人都会死的，死了到天堂去还可以住在新房子里，从天上向下看。"

木木："那妈妈和我活多少岁才会死呢？"

妈妈："100岁。"

木木思考中……

木木："那我活到70岁，和妈妈一起死。先叫爸爸去天堂把屋子收拾好，我们再一起飞上去。"

妈妈（笑）："我家木木真是太可爱了！来，亲一下。"

木木："妈妈我爱你。"

妈妈："宝宝我也爱你。"

通过这段对话，我们看到了木木妈的循循善诱和木木的天才创意，可以把死想象得如此美好。不过话说回来，在孩子年幼的意识中，虽然对于什么是"死"不甚了解，但他们知道"死"并不是什么好东西。这时候，父母可用孩子能够接受的语言，在不背离事实真相的情况下，告诉孩子死亡意味着什么。

3. 不必隐藏，让孩子知道你的悲伤

必须承认，父母都不愿意让孩子看到自己的悲伤情绪。但是，如果在家人去世的时候，父母有意识地在孩子面前隐藏自己的情绪，那么孩子会觉得父母在将他隔离，甚至还会传递给他这样的信息：当亲人死亡时，感到悲伤和哭泣是不好的。其实，这时候父母不必隐藏，而应该是让孩子知道，痛苦是生命的一部分，死亡也是每个人都必须面临的，但是这种痛苦不久就会结束，不会一直持续。

应该说，死亡是整个世界所有人都必须面对的现实，这自然也包括孩子。孩子们对死亡的问题常常叫人难以回答。对此，父母最好选择直接和诚实的回答方式，并且只提供孩子们需要的信息。但同时要告诉孩子，爸爸妈妈会陪着

他长大,等到他很大很大的时候,爸爸妈妈很老很老的时候才会死去。但至少在很长的时间里,父母都会在他身边,不管发生什么事情,他都会得到照顾。

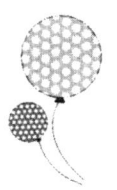

让孩子知道,考试分数不是他的"命根儿"

郯郯品学兼优,但有的时候也会考试成绩不太理想。每当这时,他就担心父母批评,单从父母的表情里,他就能感受到巨大的压力,心里就像有石头砸下来一般难受。

一次,郯郯在题为《写给爸爸妈妈的一封信》的作文中这样写道:爸爸妈妈,你们可曾知道,在你们看来本该无忧无虑的孩子,其实压力还是很大的。我们每天要做老师布置的作业,常常做到深夜才能睡,每次考试都胆战心惊,唯恐自己考不好对不起你们,因为在你们的眼里,分数比任何东西都宝贵。我考试取得好成绩了,你们都喜笑颜开,如果考不好,我就成了你们攻击的对象。

记得以前,每当我考试得了第一名,你们见人就夸,逢人就讲,那神态就像是家里出了个"小神童",我也受到特别的优待。你们还带我去迪士尼和嘉年华,至少也要领我去看场木偶剧,我心里特美。但是,当我考得不好的时候,你们就对我展现出冷漠的一面,那种滋味太不好受了,我宁愿考得好没有奖励，考得不好也不要有什么惩罚。因为你们冷漠的态度让我从内心害怕，你们的训斥让我无地自容。

　　亲爱的爸爸妈妈，为什么你们把分数看得那么重要？难道分数才是你们的孩子，我不过是个考分数的机器？

　　看完这个故事，相信每个父母都会受到触动。就像故事中的粼粼所问：到底是分数重要，还是孩子重要呢？父母爱了半天，到底爱的是什么呢？

　　当然，父母们爱的肯定是孩子，但是孩子却不这样认为，他们会觉得父母爱的是考试的高分，不是他本人。

　　那么，分数又是什么呢？它不过是记录孩子某个阶段学习状况的标志，不能说明什么，也不能代表孩子的将来，更不是孩子"命根儿"。如果父母过分强调分数，那么势必会给孩子造成巨大心理压力，让孩子的内心饱受伤害。

　　我们也承认，当前的教育体制在倡导素质教育的同时，还在很大程度上将重点放在分数上。父母们也是无奈之下将追求孩子高分当作其学习的目标。

　　诚然，孩子的成绩是重要的，但是这并不是最重要的，父母们不应该将成绩看得比什么都重。一个孩子能否健康快乐地成长，事关他能否具有优秀的性格品质和优良的行为习惯，这些才是决定他将来的人生能否顺利、能否成功的关键因素。如果只是盯着孩子的分数看，那么培养出来的有可能是一个学习机器，一个无法成功融入社会获得成功的人。这样的孩子即使科科满分，又有多大意义呢？

　　总的来说，父母不要将考分看作评价孩子的唯一标准，而要将孩子的全面发展作为培养孩子的目标。我们建议父母从以下几个方面做起：

1. **别对孩子要求太高**

　　父母在孩子身上寄托希望是可以理解的，但不能因此就对孩子提出过高的要求，总希望孩子好好学习考出高分。父母也要知道，现在孩子课业任务繁重，来自周围环境中的压力也大，如果父母再严格要求孩子，就会导致孩子承受过大的精神压力。那样，对孩子的健康成长会造成不利影响。

吴晓是个初中一年级的学生，由于和小学时教学模式不同，再加上周围环境的变化，这让吴晓很不适应，学习成绩也呈现下滑趋势。

为此，他感到十分懊丧，在某一天的日记中这样写道："升入初中以来，让我第一次觉得自己那么失败，我几乎被父母满怀期望的眼神给淹没了，一想到那些，我都压力很大，不知道怎么努力才能达到他们的要求。现在的我，有些排斥学习，排斥课堂，甚至一看见书我就想把它们撕烂。"

像吴晓这样的孩子并不少见，其原因像吴晓父母这样的父母也不少见。因为父母对孩子抱太大希望，无形中给孩子施加了压力。结果，许多孩子对学习产生了排斥和厌恶等不良情绪。所以，父母要适当降低对孩子的要求，要给孩子可以呼吸的空间，不要把分数看得比什么都重。

2. 对分数的功能客观对待

看看我们身边，多数父母都把孩子的考试成绩作为衡量孩子好坏的唯一标准。成绩好，一好百好，成绩不好，一差全差。

"这次考试如果考不了前三名，你就别想在寒假出去玩一天！"

"还不快学习去，就知道鼓捣这些东西，它能让你得高分吗？"

"真是越来越不像话，你上次都比这次分数高，到底怎么搞的？"

类似这样的话时常响在我们的耳畔，从中不难看出，父母们把孩子分数的高低看作孩子是好是坏的唯一衡量标准。殊不知，这种片面夸大分数的功能，极端对待分数好坏的表现，会让孩子感受到巨大的精神压力，他们会认为，只有考得好，自己才算有出息，才能抬起头来；如果考不好，自己就是个彻彻底底的笨蛋。

3. 重视培养全面发展的孩子

一个人的成长是全方位的，单单成绩一项不足以说明问题。但是，尽管我们都在提倡素质教育，但很多父母还是摆脱不了对分数的重视。那么父母们可曾考虑过，当孩子走向社会，对他们的评价标准将是综合性的，而不仅仅是考试成绩。

所以，我们要想让孩子能够适应社会，在社会上立足，那么就要从小注重他全面素质的培养。只有全面发展的人，才是社会需要的人。

4. 身心健康比分数更重要

我们看到，那些乐观积极、对生活充满信心的孩子，往往各方面表现得很好；相反，那些消极、悲观、焦虑、对生活失去信心的孩子，各方面表现就不会理想。所以，要想让孩子取得理想的成绩，父母要注重对其身心健康重视起来。

婷婷出身于普通工人家庭，父母尝尽了没有文化的苦楚，于是决心砸锅卖铁也要让女儿成为一名大学生。因此，他们不惜花费自己节约下来的钱，给孩子报这种学习班，买那种辅导书，要求孩子务必好好学习，考出好成绩。

在这种高强度的学习压力下，婷婷虽然取得了不错的成绩，但她的精神状况却一天不如一天。妈妈带她去看心理医生，医生诊断的结果为轻度抑郁症。

为此，婷婷的父母后悔极了，是自己生生把女儿逼成了抑郁症。

综合上面的事例和观点，父母们大概都已经知道该怎么看待孩子的分数问题。我们应该多理解孩子，帮助孩子，这样才能让孩子在学习中快乐地成长。

突发事件面前,教孩子做个能够自救的勇者

高强是个注重培养孩子的好父亲,在应对突发事件方面,他也做得不错。

这天回到家后,高强向全家人宣布,要在家里编排一个急救病人的节目:救人者是他的儿子高飞,"病人"则是高强自己。高强讲了一些基本的伤口包扎、止血技术和心脏病急救方法后,游戏就开始了。

"哎哟。"正在客厅看书的高飞听见爸爸在阳台上大喊了一声,便急忙跑了过去。

"怎么了,爸爸。"高飞见爸爸左手的食指"鲜血"直流,忙问道。

"不小心割破了,伤口太深。哎哟,痛死我了。"高强"痛苦"地呻吟起来。

"爸爸,你忍耐一下,我来帮你包扎一下吧。"高飞说完,转身跑到爸爸的书房,从书架的下端抱出一个小箱子,从里面拿出绷带、医用剪刀、酒精、医用棉签,准备替爸爸包扎"伤口"。

"高飞,别着急,想想要止住爸爸伤口的血,你还忘了一样重要的东西。"爸爸提醒道。

"真是的,我怎么一着急就忘了一样关键的东西呢?"高飞说完,再一次转身跑向书房,手忙脚乱地从小药箱里翻出"云南白药",又跑回客厅。

"爸爸,伤口受到酒精刺激可能很痛。"高飞提醒道。看着儿子用不太熟练的动作为自己清洗"伤口",还不停地安慰自己,高强心里很是欣慰。

"爸爸,快包扎完了,很快就不会痛的。"高飞帮爸爸清洗完"伤口"后,在爸爸的指导下,细心地在创伤面上撒上药粉,再用绷带一圈圈地缠上。

"不错,干得好!"高强夸奖了儿子,"不过,如果真的发生了事故需要你急救时,你一定要冷静,要迅速,像你刚才不是忘了拿这,就是忘了拿那。真的有伤员在你面前时,你这样把时间花费在寻找东西上,就会耽误抢救的最佳时间,记住了吗?"高飞点了点头。

"另外,如果是爸爸或其他人的伤口较大,伤势严重,你应先拨打120或999,然后再进行急救,这样就不会耽误抢救时间。"爸爸接着说道。

"知道了,爸爸,如果我以后再碰到了这些事情时,我相信我能做得很好。"高飞自信地对高强说。

现代家庭由于独生子女居多,平常无论做什么都有父母或其他长辈代劳,因此很多孩子的动手能力较差,有时遇到一些突发事件,如果大人不在身边,就会显得手足无措,不知如何是好。比如有的孩子不小心被刀划破了或是遇到烫伤,第一反应大多是哭或是大喊大叫,而不知道从家里的小药箱里找纱布包扎,或是采取其他急救措施。所以,教孩子一些基本的急救方法,是很有必要的,这本身也是孩子所需要的人生经验和技能。

我们还注意到,现在各种媒体上都会经常介绍一些关于不同疾病的常用急救方法,或是其他类型意外伤害的急救方法,还有一些专业书刊里介绍得更为详细。父母应该有选择性地把一些常用的急救方法讲给孩子听。当然,最好能让孩子有一个实践的机会,而这样的机会父母平时就能为孩子创造。比如用玩游戏的方式,这样既避免了恐怖,又不严肃,还能寓教于乐,孩子的印象会更深，能很好地掌握急救方法。

1. 教孩子掌握简单的急救技巧

发生意外伤害时，如果等急救医生赶到平均需要11分钟，但意外伤害采取的急救措施是越快越好。这时，如果掌握简单的技巧，任何一个实施急救者都可能挽救一个生命。在教育孩子时要尽可能地用生活中的实例，这样孩子就容易掌握，而且也能够在发生意外时用得上。在此需要说明的是，孩子在对他人救助的同时，一定要注意自己的安全，不要蛮干，最好是在最短的时间内寻求大人的帮助。

2. 掌握自救、急救时的细节

对孩子来说，出现意外伤害并不少见，由于不少意外发生得太快太突然，因此就必须在发生意外的现场先做必要的应急处理。然而，有时家长并不能时时刻刻都陪在孩子身边，当孩子独处时发生了意外，他能够做到自我急救吗？父母应该从孩子懂事起就教会孩子一些急救常识，教孩子时必须注意以下几点：

（1）父母要掌握科学的急救常识。正确的救治是减轻伤害的根本，错误的指导会给孩子造成更严重的伤害。

（2）父母要注意孩子的接受能力与承受程度。孩子由于年龄的原因，心理比较脆弱，如果过分强调各种危险的可怕性，会给孩子造成严重心理负担。如有的父母用恐吓的方式警告孩子不要摸电器，则可能使这个孩子在日后的生活中不敢使用任何电器。

（3）让孩子体验角色。如和孩子一起扮演病人和医生，通过各种情景让孩子掌握急救常识。

（4）在家里准备一个小药箱，并放在显眼、易于拿到手的地方。

在此需要说明的是：在教育孩子基本的急救、自救方法前，父母应先让孩子对一些常见的疾病症状有所了解，如果家里有人犯有心脏病或其他疾病，一定要让他知道，并告诉孩子家里的急救药品放在哪里，万一疾病发作了怎么做。另外,还可以有意识地向孩子讲讲你所了解的、别人怎样采取急救措施的经验,并和孩子一起探讨,如果孩子遇上这样的事情,他是否还有更好的急救方法,能对自己及他人实施最好的救助。

鼓励孩子要勇于追逐梦想

姜鹏活泼开朗,善于言谈,深受老师和同学们的喜爱。

有一次,老师问同学们有什么理想,姜鹏把手举得很高,很自豪地说:"我长大后要做一名船长。"老师问:"为什么呀?"姜鹏回答:"我向往着大海中自由驰骋的感觉。"老师微笑地点点头,同学们也越发崇拜他。

姜鹏之所以有如此坚定的抱负,是与父亲对他的引导有关。姜鹏很小的时候,父亲就问儿子:"你长大了想做什么呀?"姜鹏回答说:"要跟爸爸一起天天在公园坐过山车。"

"坐过山车当然可以,但是,爸爸是问你长大后具体想从事什么工作?"爸爸耐心地给他解释。"卖冰棍。"最近天热,儿子最爱吃冰棍了,所以会对这个感兴趣。

父亲看着儿子哈哈大笑:"行,卖冰棍也不错,爸爸可以天天有冰棍吃了。"

等到姜鹏上小学的时候,父亲再问儿子长大后要做什么,儿子说他也不知道将来要做什么才好。

父亲为此陷入沉思,慢慢父亲想通了,儿子没有理想,父亲可以引导他树立理想呀。

有一次,父亲带着姜鹏到海边,试着暗示儿子:"姜鹏,你看蓝天、白云、大海是多么美呀,鱼儿在大海中游动是多么幸福啊。"

姜鹏看看大海,神往地说:"爸爸,我也喜欢大海,真想做一条鱼在海里快乐地游啊游啊,可是这是不可能的。"

"儿子,也没有什么不可能啊,你平时不是喜欢大船吗,将来可以做船长啊,这样就可以驾驶着你的大船在海上驰骋了。"

姜鹏一听,高兴地拍手:"是呀,爸爸,我长大后可以当个伟大的船长,驾驶着我的大船征服大海,哈哈。"

姜鹏的理想就这样诞生了。

生活中,我们经常会给我们的孩子灌输这样的理念:壮志凌云,志在四方;胸怀天下,四海为家……因此,每个父母都希望自己的孩子从小就显示出大出息,具有伟大的抱负,将来做出一番顶天立地的成就来。

但事实上,孩子毕竟是孩子,他们对人生的认识是肤浅和模糊的,他们的志向总是跟自己的生活环境息息相关。比如说,他会觉得售票员好神气,便发誓自己以后也要当售票员;他觉得解放军叔叔好勇敢,便梦想着自己以后也要去当兵;他看到电视里的明星很酷,便把自己的理想定位在明星上;他们崇拜奥特曼,便希望自己以后也能去拯救人类;他们看到航天飞机,又把目标定在飞行员上……

孩子就是这样,好奇心强,自控能力差,自己的远大志向非常容易受周围环境的影响。他们会随着自己年龄的增长和认识水平的提高而不断来调整。

另外,没有理想的孩子不在少数。如果孩子不知道将来要做什么时,父母不妨给孩子一些暗示,比如"当老师可以整天与一群无忧无虑的孩子在一起"、"当医生可以治病救人"等。

在了解了孩子的基础上,父母需要运用自己的人生经验和智慧,来引导他具有一个远大的理想抱负,这一点很重要。因为孩子最初的时候,往往并不知道自己干什么好,父母的正确引导就显得尤为重要。

1. 和孩子谈谈梦想有哪些巨大作用

父母们都知道,梦想是孩子前进的方向和驱动力。因此,要想让孩子取得成功,很关键的一步是让他们意识到梦想的价值所在。

丹丹的爸爸是一位很厉害的园林设计师,他常常给女儿讲自己的成功之路。想当年,奶奶家很穷,没有钱供自己上学,但他当时很喜欢研究花草树木及周围建筑的形态,没事的时候自己就想象着怎样能让院子更漂亮、更美观。后来,他开始自己在纸上写写画画,凭借自己的想象勾勒出了很多幅精彩的设计图。后来,一个偶然的机会,他的设计图被一个亲戚看到了,亲戚说他很有设计方面的天赋。从此,他的心中燃起了梦想,从此一心做设计,直到二十多年后成了一名出色的园林设计师。

爸爸说,如果当初不是有做设计师的梦想,如今的他还是面朝黄土背朝天的农民呢。

父母们要认识到,当孩子意识到梦想的巨大促进作用后,他就会自觉地在父母的教育和督促下,采取积极的措施促成梦想的实现。

2. 父母要了解孩子的志向

王俊是个正在读高中的男孩,他说:"从小我就努力做父亲眼中的好孩子,拼命读书,努力学习。如今,我已经上高中了,越来越茫然,不知道生活的目标是什么,我不懂我到底为了什么而学习。

像王俊这样的孩子并不少见。因为没有远大志向,他们失去了奋斗的目标,觉得未来很茫然。正如李开复所说:"很多人连如何判断自己的目标、理想都不清楚。这一点没弄明白,就谈不上为实现理想而奋斗。所以,我们才会看到那么多大学生沉溺于'声色犬马',不思进取,才会有那么多大学生在迷茫中挣扎,或者在获得某个阶段性的成功后就一下子不知道该往何处去了。相反,若是一个人拥有对自己、对家庭、对社会的理想和责任,他就更容易形成自己的价值观,并确立长远的目标。这样的人最容易走出'迷茫'的国境。"

3. 适当培养孩子的兴趣

孩子的梦想往往源于对事物的强烈兴趣。但有的孩子没有明显的兴趣所在,这该怎么办呢?倘若如此,那么父母不妨对其进行适当的培养。当然,兴趣的培养不是一蹴而就的,这是一个相对缓慢的过程。而且孩子在对事物的兴趣上有可能出现反复现象,那么只要父母抱着正确的态度,就能循序渐进地引导孩子发展自己的兴趣爱好。

张硕的六年小学生活都是在紧张的学习中度过的,所以除了读书,他几乎什么也不会。升入中学后,他发现别的同学的生活都丰富多彩,唱歌跳舞、打球滑冰等,不一而足。而自己除了学习,其他什么也不会。看到儿子这种状况,父母也跟着着急起来。于是,爸爸问张硕:"儿子,你对什么有兴趣呢?"

"我想会踢足球,会打篮球!"

爸爸点点头,并允诺儿子要陪他一起学习踢足球、打篮球等体育运动。

就这样,经过近半年的坚持,张硕终于在球类体育运动中找到了自己的兴趣所在——篮球。之后的高中生活,张硕在保证学习的同时,打篮球的水平也突飞猛进,到了大学后,张硕成了全省大学生联赛的最佳前锋!

走上领奖台上的刹那,张硕心生感慨:如果不是爸爸及时引导自己,让自己爱上篮球,那么今天自己就不会站在这里。为此,他无比感激自己的爸爸。

梦想就像海上的灯塔,在它的引领下,航船才能有目标和方向。作为父母,应该有意识地通过各种方法来了解和培养孩子的理想。另外,父母也可以多带孩子外出旅游,领略各地风光,提高孩子对社会的认识,激起孩子的热爱自然、热爱社会、热爱祖国的情怀,从而树立胸怀天下的志向。不仅如此,父母还可以多鼓励孩子参加学校或社区组织的社会实践活动。通过在活动中锻炼孩子的自主能力,让孩子逐渐形成远大的理想和抱负。

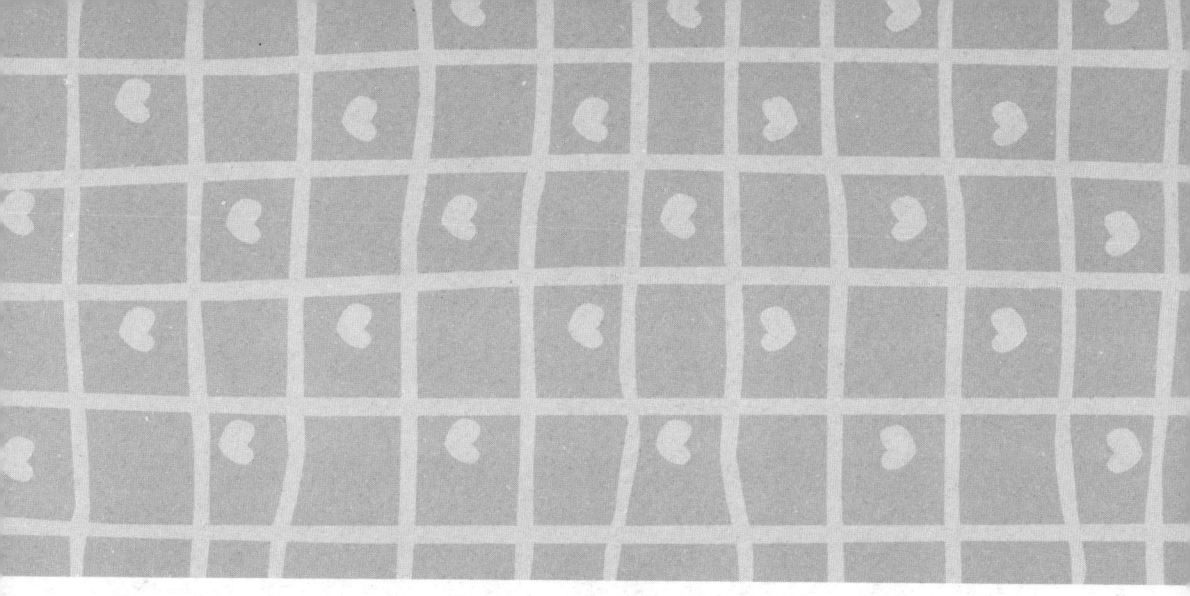

第六章
把孩子磨炼得"百折不挠"，抗挫折的孩子很坚韧

孩子在碰到困难和失败时往往不能以正确的态度对待。这就需要家长有意识地磨炼孩子承受挫折的意志，让孩子练就"百折不挠"的本领，并引导孩子将失败作为成长的契机，促使孩子重新鼓起勇气，大胆自信地再次尝试。当孩子具备了这样坚韧的品格，那么他们必将不再惧怕困难和挫折，并能够想办法跨越困难和挫折，从而提高自己克服困难和抗挫折的能力。

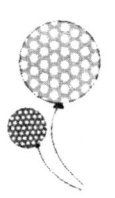

培养孩子"摔不碎的意志"

唐代大诗人李白,幼年时在父亲的监督下开始读经书、史书。这些书十分深奥,他一时读不懂,便觉枯燥无味,于是丢下书,逃学出去玩。

他一边闲游闲逛,一边东瞧西看时看见一位老妈妈坐在磨刀石上的矮凳上,手里拿着一很粗大的铁棒子,在磨刀石上一下一下地磨着,神情专注,以至于李白在她跟前蹲下她都没有察觉。

李白不知道老妈妈在干什么,便好奇地问:"老妈妈,您这是在做什么呀?"

"磨针。"老妈妈头也没抬,简单地回答了李白,依然认真地磨着手里的铁棒。

"磨针?"李白觉得很不明白,老妈妈手里磨着的明明是一根粗铁棒,怎么是针呢?李白忍不住又问:"老妈妈,针是非常非常细小的,而您磨的是一根粗大的铁棒呀!"

老妈妈边磨边说:"我正是要把这根铁棒磨成细小的针。"

"什么?"李白有些意想不到,他脱口又问道:"这么粗大的铁棒能磨成针吗?"

这时候，老妈妈才抬起头来，慈祥地望望小李白，说："是的，铁棒子又粗又大，要把它磨成针是很困难的。可是我每天不停地磨呀磨，总有一天，我会把它磨成针的。孩子，只要功夫下得深，铁棒也能磨成针呀！"

幼年的李白是个悟性很高的孩子，他听了老妈妈的话，一下子明白了许多，心想："对呀！做事情只要有恒心，天天坚持去做，什么事也能做成的。读书也是这样，虽然有不懂的地方，但只要坚持多读，天天读，总会读懂的。"想到这里，李白深感惭愧，脸都发烧了。于是他拔腿便往家跑，重新回到书房，翻开原来读不懂的书，继续读起来。

尽管在和平年代出生和成长的孩子，已经没有机会再一次经历这些枪林弹雨，但拥有坚强的性格，还是生命中十分重要的特质，它不仅会让孩子拒绝成为生活中的弱者，而且还会让他在奔向成功时百折不挠，最终取得胜利。不仅如此，相关研究还证实，智力的发展大致与三种性格品质有关，除自信外，还包括坚持力，以及为实现目标不断积累成果的耐心。

由此可见，孩子若想成功，持之以恒是十分重要的，纵观古今中外，几乎每一位成功者都拥有一种坚持不懈、不达目的誓不罢休的精神，克服一点儿困难对任何人来说也许并不难，难的是能够始终如一地做下去，克服重重困境，直到最后的成功。

然而现实生活中，有很多孩子在父母的百般呵护下，丧失了坚强的品格，往往表现出胆怯懦弱，腼腆害羞，在遇到麻烦和困难的时候，无法依靠自己的力量来克服挫折，这对于孩子的成长十分不利。实际上，坚强的品格是可以培养的，只要从小重视培养他坚强的习惯，那么他此后的人生之路将会走得顺顺利利，进而更好地迈向成功。

1. 不要把孩子当作弱者

父母希望自己的孩子变得坚强，就不要将他当成弱者来看待，有位孩子的妈妈带着5岁的儿子坐公交，有人为他让座，孩子的妈妈却说："让他站着吧,他已经到了应该自己站立的年龄了。"妈妈做得很好,因为只有让孩子自己站立,他的双腿才会坚强,意志才会更加坚定。

在第一次世界大战的时候,居里夫人为了培养孩子的坚强性格,将大女儿带到了战争前线救护伤员,在艰苦的环境中进行历练,1918年,她再一次将两个女儿留在了正在遭受德军炮轰的巴黎,并告诉孩子们,轰炸的时候不要躲在地窖里发抖,这种态度让孩子们始终将自己当作强者,并练就了坚强的品格,这对孩子的一生起到了巨大作用,她们果真没有令母亲失望,都拥有了很好的未来。

2. 让孩子学会自己生活

很多家长小时候都玩过"老鹰捉小鸡"的游戏,一旦没有老母鸡的庇护,小鸡们就会惊慌失措,最后全部被老鹰捉走,其实在对待孩子的时候,不能总让他们像小鸡一样躲在老母鸡的翅膀底下,那不仅会让他一辈子没有出息,而且一旦失去庇护,就会柔弱无比,无法抵御来自外界的伤害。

不少孩子形成软弱性格,都是由于家长的包办代替而造成的,很多家长对孩子百依百顺,不让他做任何事情,不给他任何锻炼的机会,同时削弱了他自我表现的欲望,久而久之,这种衣来伸手、饭来张口的生活方式,导致了孩子独立生活能力的萎缩。想要让孩子成为强者,父母必须鼓励他去做力所能及的事情,让他学会自己生活,把握自己的命运。

一位母亲为了锻炼儿子的坚强意志,准备教他学习骑三轮车,刚开始的时候,儿子怎么也骑不好,必须由妈妈推着才能顺利前进,后来妈妈将他带到有小朋友骑三轮车的场地,先让他看别人是如何骑的,然后把他自己放在了一边。

孩子坐在三轮车上,怎么也踩不动,急得直叫:"妈妈,帮我推一下!"

妈妈却说:"你总让我推你,什么时候也骑不动,自己用脚使劲儿踩,一定可以的!加油!"没办法,儿子只好拼命踩,结果三轮车果真动了起来,但因为方向掌握得不对,车子一下翻了过去,摔在地上的孩子疼得大哭,心疼的妈妈想马上冲过去抱住他,却还是忍住了,狠狠心,站在一旁对他说:"男子汉是不能哭的,你已经快学会了,快站起来,继续骑吧!"就这样,孩子不仅学会了骑三轮车,而且还锻炼了坚强的意志。

在日常生活中,父母一定要给孩子机会,让他自己去面对生活,学会自己生活,比如夜晚让他独立上厕所,自己去牛奶站取牛奶,经过这些锻炼,以后当父母暂时离开,孩子就能够自己处理一些事情,当发生意外时,他也能做到不惊慌、不哭泣,这些看上去不过是些小事,却能让孩子练就坚强、勇敢的品质,成就一生的大事。

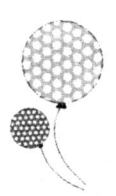

带孩子走出悲观的泥淖

在美国,曾有这样一对兄弟,一个十分乐观,一个却非常悲观,他们的父母非常希望两兄弟的性格都能稍微改变一些,于是想出了这样的办法:将乐观的孩子锁进堆满马粪的屋子,将悲观的孩子锁进漂亮的放满玩具的屋子。

一个小时之后,当父母走进悲观孩子的屋子时,发现他正坐在角落里,一把鼻涕一把泪地沮丧着。原来,他不小心弄坏了玩具,担心父母的责备,因此便不再玩耍,在哭泣中等待父母的到来。当父母走入锁着乐观孩子的屋子时,却发现孩子正兴奋地用小铲子挖着马粪,将散乱的马粪铲得干干净净,看到父母来了,他高兴地说:"爸爸,这里有这么多马粪,附近一定有一匹漂亮的小马,所以我要为他清理出一块干净的地方来!"

思维心理学专家史力民博士曾说过:"乐观是成功的一大要诀。"其实这句话一点都不为过,通常情况下,失败者总会有一个悲观的解释,就是:"生命就这么无奈,努力也是徒然。"这种悲观的方式,常会让人在无意识中丧失斗志,不思进取,进而无法获得优秀的人生,因此,每个父母都要重视培养孩子乐观的习惯。只有乐观才能让孩子对未来充满信心和希望，同时不断进取。

一般而言，孩子会对能够满足自己需要的事物和对象，产生积极的情绪体验，而对无法满足自己需要的事则会产生消极的情绪体验，而乐观的性格则会成为孩子应对人生中悲伤、不幸、失败、痛苦等不良事件的有力武器。一个无法乐观积极地面对人生的孩子，会意志消沉，对前途丧失信心，甚至会对身体造成损害，而一个积极乐观的孩子，不仅拥有良好的心态，还会为将来的成就奠定良好基础。

有的父母可能会觉得，自己的孩子好像生来就比较悲观，什么都无法让他快乐起来，值得庆幸的是，在孩子年幼的时候，乐观的性格是可以逐步培养的。在早期诱发理论中，专家曾提到，性格是可以在后天的环境中被逐渐养成和改变的，因此乐观的性格可以通过实践逐步培养，悲观的性格也可以在实践中逐步改变。父母应该如何去做，才能培养孩子乐观的特质呢？

1. 引导孩子摆脱困境

每个孩子都有可能会遇到不称心的事情，即使他天性乐观，当孩子遇到困境时，父母应多留意他的情绪变化，如果他能够自己解脱，则不用担心，假如他始终闷闷不乐，那无论自己有多忙，父母都应该抽出时间来和他交谈，教给他学会忍耐和坚强面对，并鼓励他凡事向好的方面努力，尽量不要受到消极思想的影响。

幼儿园大班的威威今年 6 岁，一天妈妈接威威回家，发现他闷闷不乐，一路上不说话，妈妈问他："威威，今天幼儿园有什么有趣的事情吗？"

威威说："今天一点儿都不好。"妈妈问他为什么，他说："幼儿园来了一个新同学，很会说话，总给小朋友讲好玩的事情，结果他们都不理我了。"

妈妈发现，儿子因为受到冷落而觉得孤单了，于是引导他："那不是很有意思吗？以后你就拥有一个会说笑话的小伙伴了。"

"可是，同学们都不理我了呀！"威威有些着急，妈妈说："只要你和别的小朋友一样与那位新朋友一起做游戏，不就可以玩得很开心了吗？其他小朋友还是和你一起玩的呀！是不是？"威威想了想，点了点头，显然同意了妈妈的看法。一路上，恢复了往常快乐的威威又开始唱起了歌谣。

在日常生活中，父母一定要认真观察孩子的情绪，只要他愿意和父母沟通，就要及时引导他将心中的烦恼说出来，这样他就会恢复快乐。当然，帮助孩子克服一些困难，教他以正确的态度和措施来保持乐观情绪，也是父母十分重要的任务。

2. 别对孩子"抑制"太多

很多孩子不快乐，主要是由于父母对他限制太多，感觉自己没有自由。在一些独生子女家庭，父母往往会对孩子的行为和举动十分小心，甚至替她包办一些事情，使他无法亲自体验做事的乐趣，同时也丧失了快乐的源泉。

有关专家认为，想要培养孩子乐观开朗的性格，就应允许他在不同年龄拥有不同的选择权，比如两三岁的时候，可以让他自己选择早餐吃什么，什么时候喝奶，今天穿什么衣服等；五六岁的孩子，则可以在许可的范围内挑选自己喜欢的玩具，选择周末去哪里玩；六七岁的时候，父母应该允许他在一定时间内选择自己喜欢看的电视节目，以及何时完成作业……

在这种状态下生存的孩子，会更加感受到人生的快乐，并享受到民主的乐趣。因此，在一些事情上，父母不妨适当放手，给他一个自由活动的空间，让他自己去选择和处理自己力所能及的事情。

3. 对孩子进行希望教育

乐观的孩子，往往会对未来充满希望和憧憬，而悲观的孩子则会觉得所有事情没有任何希望，因此，从小对孩子进行希望教育，不但可以帮助他驱散心中的阴影，而且会为他点亮希望的灯塔，让他找到乐观的方向。

肯肯是个非常快乐的孩子，他拖着比自己身体还高的大提琴，快乐地边走边唱。肯肯爸爸的朋友陈叔叔正好来串门,见肯肯这样,就问道:"你为什么这么高兴,是不是刚拉完大提琴,准备到外面玩?"

"不,我正要去拉。"肯肯快乐地回答道。

从肯肯的表现我们可以看出,他把拉提琴看作是一种愉悦的享受,而不是不得不完成的任务。

在日常生活当中,父母一定要引导孩子看到自己的进步和成绩,鼓励他去想象自己美好的未来,并对自己的未来充满希望,只有如此,他才会拥有乐观的心态,并在成功的道路上轻松快乐地前进。

可以说,乐观是一个人取得成功的催化剂,悲观是一个人遭遇失败的孵化器。作为父母,我们要想让孩子成才成功,培养其乐观的精神是非常重要的。

当孩子具备乐观的心态时,他会告诉自己,明天会比今天更好,我的未来也会比现在更美好。为此,他会不断地去努力,即使遇到挫折,也会想办法扭转局面,继续前进。

逆境中的花开得更美丽

亮亮在一次玩耍过程中,把胳膊给弄伤了,看到流出来的血,亮亮害怕极了。经过医生的包扎和静养,一段时间后,基本恢复了。

这时候,医生提出把亮亮挎着脖子和手臂上的绷带取下来,可是亮亮却担心得不行,坚决不让医生取。心疼儿子的妈妈就说要不再让他挎几天?可是爸爸说既然医生让取,那就得取。经过爸爸好一番思想工作,终于让亮亮答应取下绷带。

回到家后,亮亮的手臂还是保持原来的姿势,小手臂和大手臂呈90度角待着。爸爸觉得,这是儿子太过担心所致,于是爸爸想了个主意,自己也和儿子一样,把手臂抬起来,不敢摸东西,更不敢动。

一边学亮亮,爸爸一边说:"多亏了亮亮这次受伤呢,否则爸爸还真不知道整天悬着手臂是什么滋味儿。以后电视导演再选受伤的演员,直接找我就行啦。"

亮亮听了禁不住呵呵笑了起来,同时他从爸爸这里感受到了乐观和勇敢,于是告诉自己:我要把胳膊放下来,我要做一个勇敢的孩子!

在这种心理感召下，亮亮努力将手臂放了下来。此时，他感觉原来胳膊没有想象得那么糟糕，已经可以自由活动了。

爸爸和妈妈看到儿子这样，也欣慰地笑了。

在父母眼里，孩子就是那娇艳的花朵，需要沐浴明媚的阳光，需要获得甘甜的雨露。于是，父母们尽心尽力地呵护着孩子，怕风吹着，怕雨淋着。

可是，父母们不知道，孩子早晚需要独自面对人生旅途上的挫折，而父母也不可能做他永远的"守护神"。所以，父母不妨把孩子放逐大自然，让他独自去经历一些风雨，让他明白，逆境中的花开得更美丽，经历过逆境的孩子，才能具备无畏的勇气和豪情，才能战胜前进路上的各种各样的挫折和磨难。

霍金是我们耳熟能详的一个名字，他的全名叫史蒂芬·霍金，出生于1942年1月8日，他是当代最杰出的物理学家，同时，他更是一位坐着轮椅挑战命运的勇者。

霍金在21岁的时候被确诊为"卢伽雷氏症"，即运动神经细胞萎缩症。1970年，在学术上已经名声大噪的霍金已无法自己走动，开始使用轮椅。1991年3月，霍金在一次坐轮椅回柏林公寓，过马路时被汽车撞倒，左臂骨折。1985年，霍金做了一次穿气管手术，从此完全失去了说话的能力，只能用三个指头和外界交流，到目前只剩下眼皮了。就是在这样的情况下，极其艰难地写出了著名的《时间简史》，探索着宇宙的起源。

霍金的经历告诉人们，一时的逆境或者挫折，并不意味着灾难和痛苦，它更是一笔宝贵的财富。如果能够正确对待，可能是一个崭新的人生起点。

虽然大家都觉得霍金非常不幸，但是他在科学上的成就却是在他病发后获得的。如果我们的孩子也像霍金一样，勇于面对任何困境，那么又有什么能够阻挡他们的成功呢？

我们要让孩子知道，遇到挫折并不仅仅意味着失败，可能是一个崭新的开始。所以，我们应该帮孩子正确地看待挫折，让他把痛苦和困难看作人生最平常的际遇，我们要做的是勇敢面对，而并不是消极逃避。

父母们还要明白一点，通常情况下，孩子对于一些遭遇常常会将其放大无数倍，因为他们除了知道自己深陷逆境，不知道这个逆境的真实"底细"，也不知道这种"苦难"什么时候结束，会不会给自己造成严重的后果。于是，他们就会通过父母的态度来猜测和判断。

这样一来，父母的情绪会起着明显的导向性作用。在这一点上，亮亮的爸爸就做得很好，他的幽默使得阴沉的气氛变得明朗起来，使儿子接到了"我的伤并不严重"的信号。

必须承认，每个孩子的人生旅途中，逆境都是其经历中不可或缺的一部分，能够抵抗逆境的人，才能变得强大。所以，当孩子深处逆境的时候，父母们别受孩子情绪的影响，而应当积极乐观地看待问题，并用这种情绪影响孩子，让他相信自己能走出目前的困境，迎接美好的明天！

1. 面对孩子失败，父母先要承受得住

我们常常注意到这样的景象：孩子遭遇失败，父母表现出一副无比心疼的模样，并且安慰孩子说："你是最棒的！"或许父母认为，这样的"肯定"会让孩子情绪好转，但实际上并非如此，孩子往往会更加懊丧。

因为在孩子看来，自己失利不是自己不行，而是别人没有遵守规则导致。总之，他会把失败的原因从自己的内因转移到他人的外因上去。

殊不知，这样下去，孩子会更加认为自己没有输，开始抱怨别人对待自己的不公。最后，就会把自己的失败归在他人的身上。这样的孩子，又怎能拥有健康的心理呢？又怎能得到别人的喜欢和敬佩呢？

2. 鼓励孩子敢于向逆境下"战书"

由于孩子承受力有限，他们往往在身处逆境时就会产生消极情绪，对继续挑战下去没有信心，一心想着"撤退"。其实，这时候如果父母引导得当，能够鼓励孩子勇于向困难下"战书"的话,那么孩子很可能会重新振作起来,迎接挑战。

当孩子爬山怕高、怕摔倒时,父母就鼓励他:"别怕,你能行,摔一跤算什么,你会战胜山顶的";当孩子害怕走平衡木、游泳时,父母告诉孩子:"你可以的,战胜它,你就是最强大的"……

通过这种向逆境下"战书"的做法,孩子会逐步树立起信心,想方设法地去战胜困难,即使失败,他也从中得到了挑战苦难的畅快。当战胜一次次困难之后,孩子的勇气就会被培养起来,这会再次激起他战胜逆境的愿望和信心。

只要父母怀着正面积极的态度,引导孩子正确看待挫折和失败,并对孩子进行适当的鼓励,那么他在下次遇到困难和失败时,就容易有足够的信心去战胜困境。毕竟我们生活的世界上没有任何一条坦途供孩子行走,要想活出个样子来,孩子就要学会在"逆境中成长"的本领。只有这样,孩子才能成为父母心目中理想的样子。

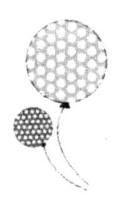

让孩子学会接受不可避免的事实

一位受世人喜爱的女演员在她的古稀之年遭遇不测,公司破产了。

祸不单行,她的医生几乎在同时告诉她必须得锯掉那条因为摔伤而患有静脉炎的腿。

在告诉这个女演员之后,医生有些担心地望着她,他担心她承受不了。然而,事实却出乎他的意料,女演员只是平静地看了他几秒钟,然后很平静地说:"如果非这样不可的话,那就按您说的进行把。"

女演员即将被推进手术室,她的儿子痛苦地流着泪,她却温和地对儿子说:"不要走开,我马上就回来。"

在去往手术室的路上,这位女演员一直用她洪亮的声音说着一场戏中的一句台词。事后曾有人问她是不是为了给自己鼓气才这么做。她却回答说:"不是的,我只是想让医生和护士高兴,他们受的压力可大得很呢。"

手术很成功。更让人意想不到的是,手术后的她开始环游世界,还进行演说,让喜欢她的观众又为她疯狂了7年的时间。

这样的事例着实让我们感到震撼。但是这位女演员做到了,她知道,即使再恶劣的情况,如果没有别的选择,那么最好的选择就是面对。因此,在经济打击和疾病打击的双重折磨下,她依然乐观地对待生活,投入工作。这是多么了不起的壮举!

任何人的一生都不会是一帆风顺的,正所谓"人生不如意事十之八九"。所以,作为家长,必须要教会孩子正确面对生活中的挫折,学会接受不可改变的现实。

在位于荷兰阿姆斯特丹的一座古老的寺院里,有一座石碑上刻着这样一句让人过目不忘的题词:"既已成为事实,只能如此。"说的就是要人勇于接受不可改变的现实。

无独有偶,20世纪时,著名的神学家、思想家尼布尔有一句有名的祈祷词:"上帝,请赐给我们胸襟和雅量,让我们平心静气地去接受不可改变的事情;请赐给我们力量去改变可以改变的事情;请赐给我们智能,去区分什么是可以改变的,什么是不可以改变的。"

事实上,也的确如此。我们每个人的生活中都充满了不可捉摸的变数,即使一个正在成长中的小生命也不例外。如果这些突如其来的变化能为我们带来快乐,当然是很好的,我们也很容易接受。但事情往往并非如此,有时,它带给我们的会是可怕的灾难,比如可怕的疾病,车祸,亲人的离去……这时如果我们不能学会接受它,反而让灾难主宰了我们的心灵,我们的生活就会一下子陷入到黑暗之中。

有的父母大概听说过塔克斯这位科学家的名字,他的视力不好,为了恢复视力,塔克斯一年之内接受了12次手术,他知道没有办法逃避,唯一能减轻痛苦的办法就是欣然承受。塔克斯总是说:"人生加诸我的任何事情,我都能接受,只除了一样,就是瞎眼。那是我永远也没有办法忍受的。"然而上帝似乎真要和他开一个玩笑,就在他年逾花甲之际,患了白内障,他最害怕的事情终于发生了。但是,塔克斯并没有一直沉浸在痛苦里,在自怨自艾半年后,他突然醒悟道:"我发现自己能承受失明,即使是我五种感官完全丧失了,我还能够继续生存在我的思想里,在思想里看,在思想里生活。"

经历过这场灾难,使塔克斯了解到生命所能带给他的没有一样是他不能忍受的,对于现实他自己是这样说的:"瞎眼并不令人难过,难过的是你不能忍受瞎眼。"

我们的孩子其实也一样,说不定会遇到什么样的挫折和困境。这就需要我们引导和鼓励孩子学会接受现实。只有这样,才能具有战胜困境的勇气,才能窥探明天的希望。

1.不必期望孩子做"常胜将军"

很多家长对于孩子永远处于胜利者的位置而欢喜不已。可是你要知道,孩子不可能永远站在最高处,他也会有"失手"的时候。如果孩子不经历挫折和失败,那么他根本体验不到逆境的滋味,那么当真的有一天陷入困境时,便手足无措,甚至一蹶不振。所以,父母们不必期望孩子做"常胜将军",适时地经历一些磨难,对他们的成长和成熟会大有裨益。

2.适度"狠"一点,别太"优待"孩子

父母们的内心,大多希望尽自己的最大努力,给孩子最好的生活条件,让孩子吃好的,穿好的,玩好的;孩子要什么,父母就给买什么。其实,大可不必如此"优待"孩子。相反,我们应该有意识地让孩子面对"得不到"的现实。

这样,孩子就会慢慢知道,并不是想要星星就有星星,想要月亮就有月亮。在此基础上,他就会明白,优厚的条件不是与生俱来的,而是必须得经过努力创造才可以获得。

至于怎样让孩子有这种"得不到"的感觉,父母可参考两种方式:一种是让孩子感受"别人有而自己没有"的现实;另一种方式就是我们前面提到过的延迟满足,也就是不要"太爽快"答应孩子的一些要求。

3.稳坐"钓鱼台",鼓励孩子自己想办法

一些父母不但是孩子的保姆,还兼着参谋之职,一旦发现孩子遇到困难,父母的手就赶紧伸过来。实际上,这对孩子的独立成长没有用处,反而有害。做父母的与其想法帮孩子解决,还不如鼓励孩子自己去解决。因为孩子通过独自去面对和解决困难,才会明白体验到"无法解决困难"的无奈,从而历练其面对困难的心态。

总之,没有一个人有足够的精力和好运气,既能抗拒不可避免的事实,又能创造一个新的生活。我们的选择只有一个。也就是说,当我们面临厄运和无法改变的失败时,一定要学会接受和适应。其实,事情本身并不能决定我们是快乐抑或悲伤,决定我们悲欢的,只有我们的反应和态度。

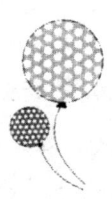

鼓励孩子勇敢地面对失败

赵文斌是个要强的孩子,上小学时,总是班里的第一名。但是,进入初中后,优秀的孩子越来越多。在一次期中考试时,赵文斌的排名是班级第三,这让他非常不好受,他无法接受这个事实。

赵文斌的妈妈不理解儿子,反而说:"以前都是第一的,这次考了个第三,你退步太大了!"这让赵文斌一下子对自己失去了信心,成绩也越来越退步了。

李妙荣是赵文斌的同学，从小就品学兼优。可是有一次，她在三好学生的评比中失败了。回到家以后，什么都没说，就开始掉起眼泪来。

"妈妈，对不起，我没有当上三好学生……其实，我真的很希望……能把这个奖作为礼物送给你的……"此时，李妙荣已经有点泣不成声。

"没关系，孩子！勇敢一点，失败了没关系。妈妈看到你尽了全力，妈妈真为你骄傲！"说着，妈妈把她紧紧搂在了怀里。

"可是，现在我的心里还是很难受……"李妙荣终于止住了眼泪，但情绪依然很低落。

"孩子，你只要在过程中获得了快乐就行了，结果是如何，我们真的不必太在意。"面对输不起的女儿，妈妈尽量予以开解和引导。

"那你说我以后还有机会获得三好学生吗？"女儿的眼睛又透出了希望的神采。

"只要你在失败时，能够勇敢地去面对，然后继续不断努力，总有一天会获得好成绩的！"母亲给予孩子的力量永远是最有力的！

"嗯，妈妈，我明白了，相信我，我会重新继续努力的！"听着女儿这句充满信心的话语，一股暖流悠然从妈妈的心底流过。

孩子在成长的过程中，必然会遇到一些困难和失败，而怎样去面对失败，是每个家长在教育孩子的时候必然要解决的问题。孩子在经历失败之后的表现，大多数来自于家长对他们的态度。

上述两位家长的做法截然不同，而两位孩子的最后表现也不相同，受到鼓励的孩子会勇敢地面对失败，而受到家长呵斥的孩子则惧怕再一次的失败。其实，不管孩子在成长过程中遇到了怎样的失败和逆境，都是再正常不过的事情。家长要让孩子明白"失败并不可怕，可怕的是不知道应该怎样去面对失败"。

培养孩子勇敢接受失败的观念，就要从小事开始一点点地培养。父母应该鼓励孩子正确面对失败，帮助孩子具体分析失败的原因，并帮助孩子从失败中走出来，继续面对生活和学习中的各种困难。

1. 多肯定、鼓励孩子

当孩子遇到困难时，父母应当及时去关心孩子，给孩子安慰、鼓励和必要的帮助，使孩子不会感到孤独无助。这时，父母要尽量避免消极否定的评价，应尽量采用一些积极肯定的评价，这样做会使孩子意识到自己的努力是受到肯定和赞扬的，自己完全不必害怕失败，从而慢慢学会承受和应付各种困难挫折。

2. 培养孩子对待挫折的正确态度，提供孩子锻炼的机会

孩子在碰到困难和失败时往往会产生消极情绪，不能以正确的态度对待失败和挫折。这时家长要有意识地将孩子的失败作为教育的契机，引导孩子重新鼓起勇气大胆自信地再次尝试，同时，教育孩子敢于面对困难和挫折，提高克服困难和抗挫折的能力。切不可把孩子成长过程中的困难都解决掉，把他们前进的障碍清除得干干净净。

3. 有意识地让孩子经受一点失败

有的父母不愿看到孩子失败，下棋、游戏、竞赛时，总是想尽办法让孩子赢，这样做对孩子的成长没有好处。其实，有时让孩子体验一点失败的滋味未尝不是好事，可借机培养孩子克服困难的勇气和自信心。

如何去看待困难以及如何去克服困难，这两点是孩子的抗挫折意识的具体表现，而这也正是家长要培养和塑造孩子的方面。怎样去克服困难，这是孩子的能力问题，需要在长期的成长过程中慢慢锻炼形成；家长们现在就应该培养的，是孩子看待困难的态度。只有不惧怕困难，有一个正确的心态，孩子才能很好地去克服、解决困难，才能有自信去打倒困难。

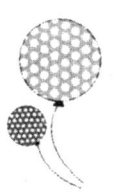

该认输时就认输,告诉孩子没有什么大不了

周末的一天,淙淙和爸爸妈妈一起做游戏,游戏的内容是掷豆子。具体操作方法是,先把一粒青豆放在地上,然后再拿另外一粒青豆从半米高的位置往下投,要尽量击中地上那粒豆子。每人一次可以连续投10粒青豆,击中次数多的为胜。

淙淙觉得这很简单,拿起豆子就投。结果,她投的10粒青豆只中了2粒,而爸爸和妈妈分别击中了4粒和5粒。

看到这个结果,淙淙很是不服。于是又进行了一次比赛。这次结果是淙淙投中4粒,而数量还是少于爸爸妈妈,淙淙再一次失败。

淙淙还是不服气,就喊着"再来一次"!

让她失望的是,第三轮比赛,她依然以失败收场。

此时,击中豆子最多的爸爸振臂欢呼着"胜利啦!胜利啦"!淙淙呢,瞬间脸色难看,流下眼泪来:"不玩了!不和你们玩了!"一边说着,一边转身跑到自己的房间里。

此时,淙淙的爸爸妈妈才意识到问题的严重性,原来自己的宝贝女儿,已经被习以为常的夸赞给惯坏了,她根本输不起。因此,爸爸妈妈得想想办法了,决不能再让女儿只能接受赢而不能接受输了。

看完这个故事,你可能深有体会,因为自己的孩子也存在同样的问题。其实,生活中,像涔涔这样"输不起"的孩子多得很,他们一旦输了,就会乱发脾气,不认输,甚至倔强地退出;如果是绘画做得不好,就一把把纸撕掉。显然,这样的孩子缺乏承受挫败的容忍力,也就是"输得起"的精神。

如果从儿童心理学角度来讲,这种"输不起"属于一种正常现象。不管是什么事,孩子都希望自己做得是最好的,比所有人都强。可是由于孩子年龄尚小,各方面还不成熟,对于自己的强项和弱项并不了解,一旦在集体活动或者别人面前不如人时,就会表现出不高兴。

通常来讲,孩子的"输不起"会有两种表现:一种是采取回避的态度,以此来逃避困难。比如,妈妈批评芳芳学钢琴不认真,不如隔壁的旭旭弹得好,听到这话芳芳索性就放弃了,干脆就不弹了;另外一种孩子,性格很急躁,每当输了,就大发脾气,以哭闹的方式来宣泄心中的不满。

这样的孩子长大后,必将难以承受失败,要么从此一蹶不振,要么蛮不讲理。

相反,让孩子具有承受挫败的容忍力,也就是具备一份"输得起"的精神,对于孩子未来的人生将会起到至关重要的作用,使其日后遇到挫折时不容易被打败,而能够以正面、乐观的心态战胜困难。

1. 引导孩子树立"失败不可怕"的意识

失败在所难免,失败也未必都是坏事,其中的关键还是要看待面对失败时的态度。同样是失败,既可以产生消极的情绪,也可以磨砺人的意志,使其奋发向上。

孩子在失败时产生消极情绪也是正常的。但这时父母要及时引导孩子,告诉他"失败并不可怕"、"你要勇敢"、"你一定会做得更好的"。利用孩子的失败，父母完全可以以此作为教育的契机，引导孩子重新鼓起勇气，大胆自信地再次尝试。

2. 增加孩子遭遇挫折时的承受力

在陪伴孩子成长的过程中，父母没必要刻意为孩子排除正常环境中可能遇到的困难。当孩子遇挫时，也不要立刻插手，而要把面对失利的空间和机会留给孩子自己。

当孩子用积木搭了一座高楼，可是快成功时"楼"塌了。看着孩子沮丧的表情，父母尽量不要直接替他解决问题，帮他把"楼"建起来，而应和他一起讨论，引导他去思考，然后让他自己去想办法解决问题。

3. 孩子失败时，为他树立够得着的目标

琦琦很小的时候，他的爸爸妈妈就有目的地从游戏中让他学习面对失败，让他有机会在玩乐中尝到"输"的滋味，体验"胜败乃兵家常事"的道理。

当然，在经历"输"的时候，琦琦总会有失望和不快的感觉。这时爸爸妈妈就给他以适当的安慰和鼓励，告诉他："爸爸妈妈知道你输掉游戏会觉得不开心，不过这次输不代表每次都会输，只要尽力参与，总会有办法取得胜利的。"

琦琦慢慢长大后，每当他在学习上遇到困难想退缩的时候，爸爸妈妈就会给他一个参照物和一个他可以看得到、能达到的目标。比如，他们会告诉他："爸爸当初刚学的时候，成绩还没你好呢。如果你坚持下去，将来你就会比爸爸做得更好；如果你放弃了，你就永远是这个水平了，永远比不上爸爸了。"

从教育孩子中琦琦的父母感觉到，让孩子正视失败，才能让他在失败和挫折中坚强起来，不至于被失败和挫折打倒。

故事中琦琦爸爸的做法值得家长们借鉴。当孩子遇到挫折的时候，父母不能拿放大镜来放大他的过错或评定他的能力问题，那样，孩子便会将问题归因于自己能力不行，渐渐地，就会在内心建立起一种消极、悲观的信念，继而变得难以承受挫折。

4. 教育孩子要将心比心

孩子由于自身能力有限，当遇到不如意的事时，往往把责任归罪于别人。这时候，父母有必要对其进行情绪的疏导。比如，孩子和其他小朋友一起玩游戏，他输了，却吵着说不算，要重来。这时候，父母不妨告诉他："你如果赢了，别的小朋友输了，不甘心，吵着说不算，或是阻止你赢，那你会不会生气，还和他玩儿吗？"通过这样的沟通，会让孩子有一个自我反省的机会，让他明白自己错在什么地方。

世界上没有常胜将军，孩子也会经历大大小小的失败。父母要想让孩子既能享受成功的喜悦，又能经受失败的考验，就需要培养他们健全的人格。只有具备认输而不服输的"输得起"的品格，孩子在今后的人生道路上才会取得成功。作为父母，给予孩子正面的肯定是必需的，这样才能为孩子播下"积极乐观"的种子，使孩子面对挫折时仍抱有"盼望"与"转机"。孩子拥有了乐观的心境，才能更乐意去思考解决问题的方法，自然也就不会"输不起"了。

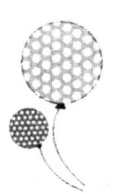

自尊心是孩子精神的骨架

孟梓栋小名叫"九斤",这是因为他出生的时候体重高达9斤1两而得名。

或许是遗传的因素,九斤的体重一直比同龄孩子增长得快,上小学的时候,别的同学还都四五十斤,他就已经八十斤了。

为此,同学们给他取了很多个外号。刚开始,九斤还不以为然,但时间长了,同学们取笑他的越来越多,知道他外号的同学也越来越多,再加上他原本就性格内向、看上去也很笨拙,九斤感觉自尊心受到了伤害,他越来越无法忍受同学们的取笑。

这样一来,内向的九斤更加沉默寡言,也更不喜欢和同学们一起玩了,整天闷闷不乐的。

爸爸妈妈看在眼里,很是担心。有一天,妈妈问九斤:"这段时间你看上去不高兴啊,是谁欺负你了吗?"

九斤就把同学们取笑他、给他起外号的事情跟妈妈说了。

没想到,生性开朗的妈妈听后哈哈大笑:"原来是因为这个啊。世界上许多体型胖的人都做出了非常大的成就。所以,只要你努力学习,乐于助人,以后也能做出很大的成就,成为人们喜欢的英雄人物。在妈妈眼里,你永远都是我的好儿子。"

听了妈妈的话,九斤忽然感觉到了温暖。此后,妈妈时常会给儿子讲一些虽然体型胖但做出巨大成就的人物的事迹。渐渐地,九斤变得开朗起来,周围的好朋友也多了起来,而他再也不因为自己胖感到难过了。

从这个故事里我们可以看到,九斤是个自尊心很强的小朋友。由于别人的奚落,让他感到无地自容,于是离群索居。幸好妈妈及时发现,帮儿子建立了自信,找回了自尊。

应该说,自尊是一个人对自己所具备的能力和价值的评价和情感体验,自尊也是一个人心理逐渐成熟的标志。

孩子的自尊心是促使他努力学习和生活的一种动力,因为自尊心的驱使,他可以勤奋学习,更好地爱自己和别人。可以说,自尊是孩子精神的骨架,赋予起他内心不断向前的力量,让他做什么事情都会勇往直前、面临何种境遇都不退缩、不屈服、不自满。

当然,自尊心的建立是在孩子的漫长成长过程里逐渐形成的。父母若能给予正确的教育,那么孩子就会建立良好的自尊;而错误的教育方式只会伤害、扼杀孩子的自尊。

作为父母,应该不断地学习并掌握正确的教子方案,以培养孩子良好的自尊,这是父母义不容辞的责任。

1. 教育孩子正确认识和评价自己

对很多孩子来说,能够正确认识和评价自己,还不是一件容易的事。因为他们对自己的认识多是来自于父母师长等。由于心智不够成熟,他们对自己的评价大多都是盲目地遵从别人对自己的评价。别人对他评价好,他就觉得自己很棒;别人对他评价低,他就觉得自己很笨、很无能。越是年龄小的孩子在这一点上就表现得越为明显。

这就需要父母帮孩子培养出一种能力，即如何正确对待其他人对自己的评价的能力。

当孩子因为自己的某一缺陷或不足而受到别人的不友好的评价和取笑时，父母要用自己的爱心、用自己对孩子的信任和鼓励让他忘掉苦恼，帮助他正确地认识和评价自己，给他上进和快乐的动力，让他通过发扬自己的长处而不断积累自信和成就感。

2. 不必要求孩子事事成赢家

每个人的精力有限、能力也有限，没有人会时时处处都是赢家，人总有无限的、难以企及的领域，孩子也不可能事事都能成为赢家。为此，父母要宽容地对待孩子的努力，不对他提出过高的期望，不要求他事事成为赢家。

高程的爸爸是有名的"全能人才"，他善交际、懂管理、通技术、能唱能跳。高程很为自己有这样的父亲而感到自豪，但慢慢地，高程体会到，能干的爸爸对自己的要求也是分外高。

因为在高程的爸爸看来，儿子一定要比自己强才行。于是从高程五六岁开始，就一直奔忙于绘画、乐器、舞蹈、书法、奥数等辅导班。而且爸爸还提出了极其严苛的要求：高程不仅学习要拿第一，而且所有参加的课外辅导班也要最好，拿出最优秀的成绩。

高程本来就因为众多的辅导班而忙碌不停，再加上父亲的"最高"指示，更让他不堪重负。整天生活在重压之下的高程，到小学三年级的时候，实在撑不住了，他觉得父亲让他门门第一的要求就像一座压在身上的大山，最终他大病一场。

如果父母对孩子事事要求只能赢不能输，这必然会让孩子像高程这样身心俱疲，不堪重负。他们一旦达不到父母的要求，就会减弱学习和生活的自信心和积极性，自尊心也会饱受打击。

每个孩子都有自尊，也都需要自尊。这就要求父母学会维护孩子的自尊，在孩子丧失自尊心的时候帮他重新建立自尊。这样，你的孩子才会正确地认识自己和评价他人，在他遇到挫折和不如意的时候，也才能够调整情绪，回到正常的生活和学习轨道上来。

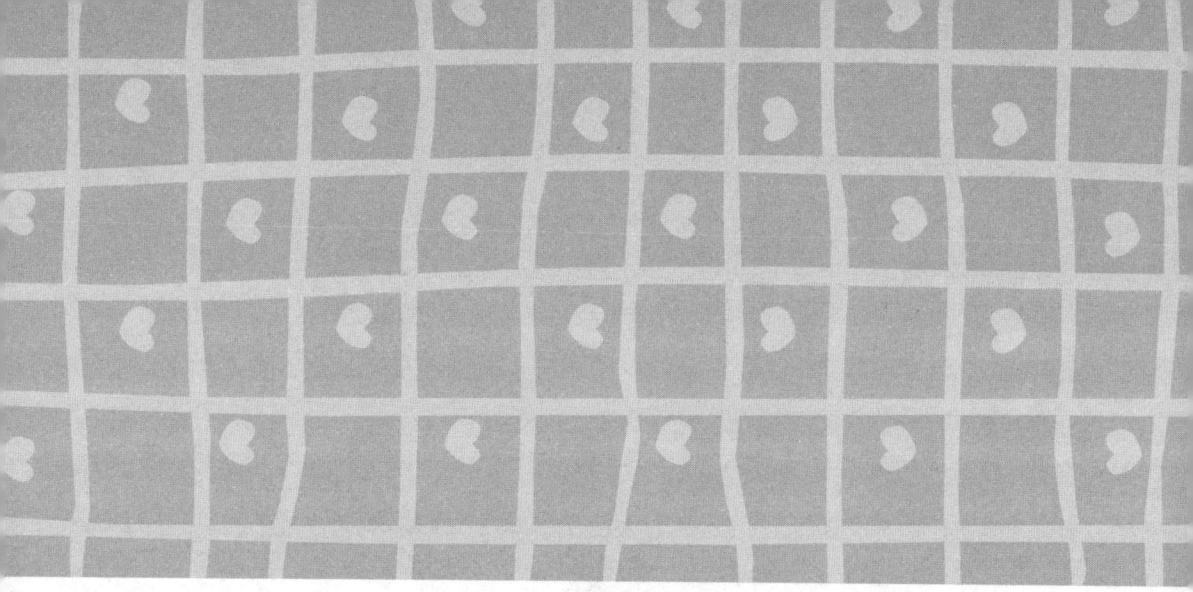

第七章
在困难面前父母帮一把，
抗挫折的孩子不迷惑

孩子是正在成长中的幼苗，经历一些风吹雨打之后，常会垂头丧气，意志消沉。虽然客观事实难以改变，但父母却可以帮助孩子尽快从困境中脱离出来。此时，孩子会感受到来自父母的爱，因此，他也会更有勇气面对当下的困境，并尽快地从中走出来，重新绽放出灿烂的笑容！

当孩子考试成绩不理想时

凝凝最近考砸了,本来数学成绩很好的她,却只得了六十多分。面对成绩的突然下滑,凝凝承受不住了,整个人都焉头耷脑的,像只斗败的公鸡似的。

妈妈看在眼里,一时不知如何是好。她知道,这次很可能是女儿一时疏忽,或者前一阶段没有好好学导致的。于是,她找了个周末的夜晚,和女儿聊一聊这次考试的事。

凝凝开始并不配合,当妈妈说到"这次考试只能说明前一阶段的情况,并不代表……"的时候,她就打断妈妈,垂头丧气地说:"我从小数学就不好的,以前靠着认真还能拿高分,现在我算明白了,我就不是学数学的料!"

妈妈本想继续安慰,可是女儿这番状态,让她实在不知道如何是好。凝凝妈妈能做的,就是默默地祈祷,女儿下次考好一些,不要再让孩子承受这种失败的打击了。

类似凝凝这样的情况,可能在绝大多数孩子身上都会出现,特别是那些一向成绩不错的孩子,他们也会因为某个阶段学习不够扎实,或者考试疏忽而遭遇成绩不理想的情况。

这时候，如果孩子能自行调节内心的情绪，让自己重整旗鼓，全身心地投入到学习中，争取下次考出好成绩，那么父母是不用操心的。但是，如果孩子因为一时的成绩不理想，就像上面故事中凝凝这样，觉得自己"不是那块料"，那么就需要引起家长的重视了。

要想让孩子尽快摆脱这种遭受失败打击的不良情绪，父母就要多给予引导，让孩子知道，这次考砸，不过是偶然因素，只要他继续努力，下次肯定能够考出好成绩。

作为父母，在面对孩子不理想的成绩时，一定不要忙着批评，而应该学着理解孩子的心情。考试没有考好，孩子会害怕老师的批评以及同学的嘲笑，更害怕的是面对父母的失望。此时，父母如果对孩子一味地训斥甚至于打骂，会顷刻间让孩子丧失学习的兴趣，削弱学习的信心，长此以往孩子会越来越不喜欢学习。

糟糕的是有的孩子因为担心父母的打骂，干脆把试卷藏起来或是告诉父母没有考试，用欺骗来蒙蔽父母。同时，孩子由于害怕成绩被父母发现，整天过着提心吊胆的日子，高度的精神紧张还会严重影响孩子的身心健康。

孩子考试失利，父母所要做的是及时让孩子从考试失利的阴影里走出来，平心静气地分析考试的原因。是因为粗心大意扣了不该扣的分；还是因为考前身体不舒服，影响考试的状态；或是考试没有充分的准备；或是因为做题的速度慢，导致题目没有做完，等等。只有这样，孩子才能有针对性地克服自身的缺点，勇敢地从头再来。

1. 让孩子保持乐观的心态

要让孩子明白，我们都是普通人，我们的乐观和悲观往往是随着发生在自己身上的事情而转化。用乐观的眼光看世界，去发现生活中的美好阳光。以这样的心态为基础，遇到任何的困难和挫折，孩子都不会轻言放弃。

2. 耐心地给孩子帮助和指导

有一个男孩考试没考好，老师让他把卷子拿回去请家长签字。

第二天老师问男孩："你的爸妈有什么反应？"

男孩愁眉苦脸地说："昨天晚上我遭到了一顿男女'混合双打'，过去是单打，现在是该出手的都出手了。"

虽然这看上去只是个笑话，但在现实生活中，却屡有发生。每当孩子将他糟糕的成绩单拿回家找父亲签字的时候，父母们往往眼睛只是盯着分数的高低，分数高就乐得眉开眼笑，分数低了就火冒三丈，轻则训斥，重则打骂，甚至像这个男孩一样，还有可能遭遇"混合双打"。

作为父母，应该理智地对待孩子的分数，好好分析孩子考试成绩差的原因，而不是不分青红皂白就是一顿"狂风暴雨"。这样容易引起孩子的反叛情绪，对学习失去兴趣，往往进入恶性循环——越是打骂，学习成绩越差。

所以，当孩子在学习上遇到困难时，父母应该和孩子一起面对成绩不如意的事实，一起承受孩子的学习压力。在帮助孩子分析失败的原因时，要肯定他的优点和长处。毕竟此时的学习，对孩子来说是一门苦差事，是件既苦恼又头痛的事情。因此，多给孩子一点甜头，一份鼓励，能调动起他的学习积极性，激发起他的学习兴趣，让他有坚定的信心学下去。

3. 培养孩子学习的兴趣

心月看到英语题就犯怵，不是因为他的能力有问题，很大程度上是对英语缺乏兴趣，久之便产生了厌倦和恐惧感。针对这个情况，她的妈妈咨询了一位教育专家，从专家那里获知，要想让孩子提高英语成绩，就要着力培养她对英语的兴趣。心月的妈妈根据专家的指点，周末的时候陪孩子一起看英语动画片，平时也会有意识地说几个英文单词或者短句等，这些潜移默化的影响，让心月逐渐对英语产生了兴趣，学习英语对她不再是苦差事，而是令她高兴的事了。

的确，被动的、无目的的学习只能导致孩子失去兴趣和动力，滋生惰性甚至厌倦感。兴趣是最好的老师。只有把学习当作对世界的不断探索，才会主动地去获得各种各样的知识。

总而言之，每一次考试不仅对孩子的知识是一种考验，对于孩子的心理也是一种考验。父母唯有理解孩子，才能及时帮助孩子克服心理和学习上的障碍，得到下一次的成功。

当孩子不被同伴喜欢时

红红小的时候，在老家由姥姥、姥爷带大，等她6岁的时候，才由爸妈接到城市里上学。结果，爸爸发现，女儿的语言表达能力非常差，不仅说话的意思总是表达不清楚，条理也很紊乱，着急了还会结巴。

由于红红在交流方面有点障碍，导致其他小朋友都不爱和她玩。为此，红红苦恼极了，经常伤心地躲在家里，不愿去幼儿园，也不愿意去外面和小伙伴们玩耍。

妈妈见女儿这样，下决心要帮助孩子锻炼她的口语。

刚开始的时候，妈妈就让红红看她喜欢的动画片，每次看完后，妈妈就说："红红，刚才的动画片很好看吧？妈妈没看，你能把刚才动画片中的故事给妈妈讲讲吗？"

红红往往就用自己的语言，将故事讲给妈妈听，刚开始的时候，红红往往讲得不完整，甚至连贯不起来，但每次妈妈都是适当补充和提醒，慢慢地，红红讲的故事就越来越完整，条理也越来越清晰。

过了些天，妈妈开始有意识地给红红出一些模棱两可的辩论题，让爸爸担当裁判，妈妈和女儿进行辩论。有时候，妈妈还会故意提出一些不正确或片面的观点，让红红找出证据反驳，并准确地说出理由。

与此同时，妈妈还鼓励上了小学的红红在上课的时候，多举手，积极发言，遇到问题多跟同学讨论、交流，鼓励她参加辩论赛、演讲比赛等。

在妈妈近两年的努力下，红红的语言能力已经有了很大的提高，小伙伴们也不再远离红红了，而是经常和她在一起玩耍。红红感觉到自己被大家接受之后，开心极了。

孩子们一起快乐地玩耍嬉戏是一种自然不过的行为，但随着年龄的增长，他们也会产生一些近似的"喜好"，比如，哪个小朋友不讲卫生，大家都不爱和他一起玩；哪个小朋友口齿不清，大家也都远离他……

故事中的红红正属于其中一种。好在，红红的妈妈及时想办法，不但没让女儿因为口音问题而失去小伙伴，而且还锻炼了很好的表达能力。

所以，家长们应该多学学红红的妈妈，要有耐心，有方法，根据孩子得不到别人喜欢的具体情况，采取针对性措施，当孩子存在的情况获得好转后，小伙伴们便不再孤立他，孩子的交往能力也就随之提高了。

1. 多鼓励孩子交朋友、参加活动

我们常听到"朋友多了路好走"这句话，也深谙其中的道理所在。一般来说，一个人朋友的多少往往显示了这个人交往能力的强弱。对孩子来说，父母

可以通过鼓励他参加活动、多交朋友，来增强孩子的社交能力。庆庆的爸爸妈妈在一个育儿论坛里向大家介绍了他们的经验：

庆庆是个有些内向的孩子，因此我们为了培养他的交往能力而下了不少功夫。每个周末，我们都会带庆庆去亲戚、朋友和邻居家串门，或者参加一些教育机构组织的活动，暑假里我们就参加过几次"宝宝地带"的阅读活动，孩子一次比一次表现得好，这让我们非常欣慰。

不光如此，我们有时间的时候，还会带着庆庆一起外出旅游，参加展览，观看演出等。慢慢地，随着孩子接触外界环境越来越多，不但提高了他的观察能力，而且也锻炼了他的交往能力。

2. 教孩子重视礼仪修养

德国著名的思想家、诗人歌德曾说过："一个人的礼貌，是一面照出他肖像的镜子。"一个有礼貌的孩子，才会成为一个社会适应性强的孩子，一个能够被环境接受的孩子，一个受欢迎的孩子。

而一个人要有礼貌，首先就要掌握一定的社交礼仪。词典里关于"礼仪"是这样解释的："礼仪是人类为维系社会正常生活而要求人们共同遵守的最起码的道德规范，它是人们在长期共同生活和相互交往中逐渐形成，并且以风俗、习惯和传统等方式固定下来的。"对我们每一个人来说，礼仪都是我们思想道德水平、文化修养、交际能力的外在表现。因此，作为父母，要特别注重孩子礼仪的培养。

但我们不得不遗憾地说，现在的孩子，在饱受娇生惯养下，越来越不重视礼仪和规矩，在与人交往中，常常因此而发生误会和摩擦。

周振是个不修边幅的孩子，整天邋里邋遢，吊儿郎当的样子，不管什么场合什么地点，他都随着自己的性格穿衣服，从来不考虑别人会怎么想。

不仅如此，周振还不爱跟人说话，即使是在师长面前，周振也从来不跟老师打招呼，见了长辈也从不叫叔叔阿姨。无论是在大家的面前还是在大家的印象中，周振都是一个不懂礼貌的人。因此，在他周围几乎没有一个密切交往的伙伴，甚至同学们都不爱和他做同桌。

作为父母，你肯定不希望自己的孩子会像周振这样不受人喜欢吧。

所以，要想让我们的孩子受到别人的喜欢，有必要让他们懂得一些礼仪。比如穿着的礼仪，不管衣服新旧，衣服一定要整洁大方，不能不分场合地乱穿；让孩子掌握语言礼仪，受到别人的帮助要养成说"谢谢"的习惯，做错了事情或打搅到别人一定要说"对不起"，需要对方做事情的时候，一定要"请"字当先等；还要教导孩子掌握一些基本的社会规范礼仪，如"女士优先"、"公共场合不大声说话"、"按规定排队"等。

这样有礼貌的孩子才会懂得尊重别人，一举一动中表现出的教养，无论走到哪里都会受到欢迎。

3. 让孩子学会分享

一佟性格内向，很少与人交流，总喜欢一个人玩。对于他自己的东西，也总是"看"得很紧，不允许别人碰一下。有时候他把玩具带到外面，别的小朋友若是过来看看，他就"警告"人家"这些都是我的！你不能拿走"。如果其他小朋友拿走了他的玩具，他就会追上前去，无论如何也要把玩具抢回来。

在我们生活的周围，像一佟这样的孩子还是挺多的，他们常常会说"这些都是我的"、"你们不准碰"、"你不能和别人玩，只能陪我一个人玩"之类的话语。这些孩子宛若一个"小霸王"，"独霸"着他所喜欢的东西。

显然，这样的孩子缺少分享意识。如果你的孩子也这样，那么就要重视起这个问题来，并对孩子进行分享教育。要知道，学会分享是一个人能够建立友谊的基础，是与人交往不可少的重要品质。如果不懂得分享，那么你的孩子会给别人自私鬼、冷漠狂的印象。这样的孩子，还会有谁愿意和他接触呢？

因此，作为父母，应该经常教育孩子，人与人之间的交往需要分享，生活中能够用来分享的，既可以是具体的物品，如事物、书籍，也可以是思想、观点、情绪等。

正如一位思想家所言，人的实质是社会关系的总和。我们的孩子天生就是群居动物，通过在群体中的交往，让他们学会了爱、学会了生活、学会了责任感和道德观，并找到自己的归属。因此说来，一个孩子能否具备与群体和谐相处的能力，将决定他的人际关系，进而影响他未来的发展，甚至是终生的命运。

所以，我们应该多为孩子创造条件，并鼓励孩子与人交往，这样他们才不会缺少朋友，不管在哪里都能有个好人缘，受到别人的喜爱和欢迎。

当孩子面对父母离异时

蕊蕊的爸爸是一家上市公司的高管,妈妈是一位大学老师。从小到大,蕊蕊一直觉得自己是个快乐的公主。但是,让她没想到的是,这种美好的生活在10岁那年被父母的离异打破了。

蕊蕊得知这个消息,痛不欲生,她把自己关在屋子里哭了好几天,她甚至想过结束自己花季般的生命。

从那以后,一向活泼开朗的蕊蕊变得抑郁起来,学习也很快下滑,不到半年的时间里,蕊蕊就从原来的优秀学生,倒退到全年级的倒数位置。

看到女儿这样,蕊蕊的妈妈难过极了,她希望能够把女儿的情绪拉回来。可是每当一开口和蕊蕊说话,蕊蕊就捂住耳朵大哭,求妈妈不要再烦她。

伤心的妈妈不知如何是好,她心里暗暗悲伤,觉得普通家庭应该具备的欢乐,她们家已经没有了,不知道可怜的蕊蕊还能不能像从前那样重新快乐起来……

看完这个案例,或许你也会觉得心酸。父母离婚,看似两个人的事,但孩子却总是处在被伤害最深的位置。

在他们看来，自己的家是不完整的，自己所获得的爱也是缺失的。处在这种环境下的孩子，往往感情冷淡、性格孤僻、不求上进，甚至还会产生诸如前面提到的蕊蕊那样轻生的心理。

如果说感情不能勉强，离婚本也是无可厚非的事，但是作为父母，不得不考虑事关两个感情走到边缘的成人的共同"利益体"——孩子。所以，希望做父母的，如果有可能，请尽量维护好自己的家庭，如果非离不可，也一定要把孩子的问题考虑周全。

还有些父母会做这样的选择，他们为了孩子，坚决不离婚，即使感情已经破裂，也要在孩子面前维持着正常家庭该有的一切。

可是你想过没有，你们的"戏"真的能演到不漏任何破绽吗？现在的孩子都很敏感，父母关系淡漠他们很容易就会察觉。如果让孩子感到是为了他而不离婚，那么孩子的心理同样不是滋味儿。这样到头来只会把孩子的痛苦延长，越发加重孩子遭受心灵折磨的创痛。

因此，我们建议父母们，如果感情无法挽回，也不必因为孩子而让家成为一个表面完整，而内在破裂的场所。

当然，如果父母选择离婚，则一定要特别注意履行身为父亲和母亲的职责。不能让孩子因为父母离异而缺少应有的教育。这才是任何情况下，父母都应该承担的责任。

1. 让孩子知道家里发生的事

有些夫妻感情破裂，甚至离婚都不会告诉孩子，对孩子说一些搪塞的话，比如"这是大人的事，小孩子不懂"或者抚养孩子的一方告诉孩子爸爸（妈妈）要出差去很久很久。

这种忽视孩子或者隐瞒事实的做法，其实是不可取的。特别是对一些稍大点的孩子，如果父母什么也不告诉孩子，会增大他窥视大人隐私的欲望，或对大人产生种种怀疑的心理。但是，如果让孩子知道得太多，又难免让他为父母及自己的境况而感到忧虑。

因此，我们建议父母们，最好自然而又恰当地向孩子表示你们当前关系的变化。你可以这样告诉孩子："爸爸和妈妈之间产生了一些矛盾，不过我们正在着手解决。"更重要的是，父母还要真诚地告诉孩子："不论发生什么事情，爸爸妈妈将永远是你的妈妈和爸爸，我们会永远爱你的。"

2. 离婚后父母双方应继续关心孩子

夫妻离异后，虽然已经不是夫妻，但是对孩子来说，你们依然是他的父母，依然是他的监护人。现实中，有些父母想逃脱责任，把孩子看成累赘，不愿意抚养孩子。还有在抚养过程中，不懂得真心爱护孩子，甚至把孩子当作出气筒。

作为父母，要知道，在孩子幼小的心里，爸爸妈妈是他最亲最近的人，而家庭是他内心感觉最美好的地方。父母离异，对他来讲已经是很大的不幸了，如果再从父母那里得不到关爱，那么会让孩子这种失落感加剧，进而使孩子心理压力增加，自卑感增强，对生活对未来失去信心。

所以，不管夫妻间有多大的隔膜，也不管有多大的困难，既然生养了共同的孩子，那么就必须承担起抚养孩子的义务，让孩子健康快乐地成长。

3. 要满足孩子生活上所必需的物质要求

有不少家庭破裂后，父母中的一方或者双方的经济条件都会有所下降。但最好不要让孩子感受到太明显的影响。因为当自己的物质得不到满足，孩子就会在同伴面前感到自卑，甚至产生忌妒或者憎恨心理。长此以往，孩子有可能会做出偷盗、抢劫等违法乱纪等行为。

所以，即使离异后生活条件有所下降，父母也要尽自己的职责，从生活上多给孩子一些关照。即使条件所限，真的无法回到从前的样子，父母也应该和孩子讲明道理，以消除其自卑心理和不良行为。

毫无疑问，家庭破裂会对孩子的学习和生活都造成或大或小的影响。因此，父母在经受离异痛苦的同时，千万不要忽略孩子的情绪和状态。平时，应多关心孩子的学习情况，并鼓励孩子多参加有意义的集体活动。这样，一方面可使孩子从忧郁、悲伤的情绪中解脱出来，另一方面可使其孤独、内向的性格在活动中获得矫正，促进其性格朝着健康方向发展。

如果有可能，我们建议让孩子阶段性地和离异的父亲或者母亲交往，而不要硬性地中断孩子和父亲或者母亲的联系。因为孩子毕竟是夫妻双方和谐时相处的结晶，都应负有教养孩子的义务，共同关心孩子的成长。

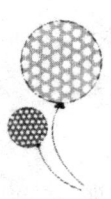

当孩子陷入"早恋"时

一位优秀的高一男孩，在与同班一位女孩谈恋爱，于是男孩的父亲与儿子进行了以下一次属于两个男人间的谈话。

父：儿子，这个女孩有多好？是你认识中最好的女孩吗？

子：嗯，反正我觉得我认识的女孩里她最可爱。

父：爸爸相信你的眼光。但是，你才上高一，你认识几个女孩呢？

子：我不管，我心里只有她。

父：爸爸并不反对你现在谈恋爱，找女朋友。但是，爸爸最反感的是见异思迁。你说你将来肯定会遇到更多的好女孩，万一你后悔了怎么办？

子：可是我现在离不开她，离开她我感觉很痛苦。

父：你初三时买的"随身听"呢？

子：前两天，你给我买了个高级的，我觉得音质比原来那个好，就把它送给别人了。

父：这就叫见异思迁。儿子，如果把握好每一个属于你的机会，你以后的成就肯定比今天大，你面对的世界也肯定比今天宽阔，你以后肯定也会遇到更多优秀的女孩子，到时候你的选择更适合你。如果你发觉你与这女孩的情缘还一直存在，再让它开花结果该多好。一个人一生肯定有些让自己后悔的事，但是，人生大事只有几件，后悔了，就遗憾终生。

子：爸爸，我懂了……

从此以后，这个男孩把这份感情像一颗种子般深埋在心底深处。他明白了即使现在爱的种子发芽了，也不能长成参天大树，更不可能结出甜美的果实。此刻自己只能做一个默默耕耘的农夫，等待庄稼的成熟。

然而现实生活中，并不是都像前面这位父亲一样充满了智慧，能让孩子懂得什么叫责任，什么叫等待。火冒三丈、简单粗暴这就是大多数父亲在发现孩子早恋的第一反应，给孩子造成了难以磨灭的心理阴影。

有位初中女生在街头痛哭，原因就是她的父亲私自看了她的日记本，看到"小伟的爱让我感到世界如此美妙，我愿与他共度一生"的话后，火冒三丈的父亲把她赶出了家门，并且痛骂道："你是不是想男人想疯了？真是丢人现眼！"听到父亲这样的话，她说她想死的心都有了。

诗人歌德早在100多年前就发出了这样的感叹："哪个少年不钟情？哪个少女不怀春？"对孩子来说，随着青春期的到来，荷尔蒙分泌的增加，对异性产生好感是一件自然现象，也是人体发育的一种本能反应。但是，由于早恋处理不好，往往会影响了孩子的学业，加上孩子年纪尚轻，不会控制和处理自己的情感，从而让孩子受到伤害，甚至影响孩子的一生。父母们都知道这个道理，但是处于青春期的孩子，性格比较叛逆和固执，一旦陷入早恋的旋涡中，往往很难自拔，如果此时父母进行粗暴的管制和干涉，反而会激起孩子的叛逆心理，还会因此与父母产生深深的隔阂，更有由于父母粗暴干涉导致孩子离家出走甚至自杀等可怕的行为的发生。

所以，作为父母要理解和尊重孩子的情感，要明白孩子到了青春期对异性产生好感是他生命中必经的一个过程，也是人生美好情绪的自然流动。对于孩子的这种情绪，千万不可一味呵斥，一副如临大敌的样子，每个家长也是从青春期走过的，呵护和引导孩子这种美妙的情绪是一个父母献给孩子最好的青春礼物，而这个礼物的密码就是对孩子的理解和尊重。

1. 坦然面对孩子的早恋

作为父母首先要明白，孩子早恋是孩子性心理发展的正常体现。其次，早恋的危险不在于交异性朋友，而在于交坏朋友。如果孩子交了一个学习好的、乐观上进的、心理健康的孩子，两个人能够做到互相克制、互相鼓励，这样不但不会影响到学习，反而会起到积极促进的作用。但孩子交了社会上的朋友或者不爱学习的朋友，那么，学习就会退步。所以，父母需要一分为二的心态看待孩子的早恋，冷静地对待孩子的早恋。

一位求助的父母这样诉说：

"前段时间发觉孩子不对头，他开始喜欢穿漂亮衣服，注重自己的形象，我翻他的日记本发现孩子竟然早恋了！我找到他，狠狠地把他批评了一顿，让他立即跟那个女孩子分手，把心思放在学习上，没想到孩子不仅不听我的，反而开始跟我作对了，学习成绩也开始下降。没有想到有天我看到孩子在笔记本上写道：我恨这个家，我要离家出走！大大的惊叹号让我看了后，触目惊心。希望大家为我出出主意，我该怎么办？"

教育专家说："其实你不该批评你的孩子，而是应该祝贺你的孩子。"

父母睁大了眼睛，以为自己听错了。专家继续说："是该祝贺你的孩子，你该告诉他你长大了，能从一个人身上发觉美好的东西，会用爱的方式承担责任了。"

"这不是怂恿他早恋吗,他岂不是会越走越远?"

"不会的,你如果能祝贺你的孩子,说明了你对孩子的信任和尊重,在得到大人尊重的孩子反而更能听见大人说的话。你这样批评他,否定他的行为,只会让你的孩子觉得你不尊重他,伤害他的感情,自然就会排斥你,反而会让他离你越来越远。"

2. 鼓励孩子多参加学校的各种活动,转移他的注意力

有位父母是这样做的:

他发现孩子谈恋爱后,不但没有去制止和斥责孩子,反而更加关心孩子,他知道孩子喜欢语文,便鼓励孩子参加朗诵活动,启发孩子写日记。一年后,孩子的习作经常出现在班级的墙报上,考试成绩名列前茅。学习、集体活动成了孩子的主要活动,自然而然地对异性的爱慕心理逐渐淡化、平息。

鼓励孩子根据个人兴趣,多发展个人兴趣爱好,会牵扯孩子的一部分精力。不但让生活充满情趣,还会把早恋的情感适当地减弱和转移。

3. 多跟孩子谈谈心,及时引导孩子

孩子有了对异性的情感,但是没有经验,此时,父母可以想办法诱导孩子跟自己谈一些关于情感成长的事,在帮助孩子处理这些情感问题的时候,可以把自己的恋爱经验坦诚地告诉他。通过讲这些使孩子明白:在十几岁时对异性的好感,会随着年龄的增长而慢慢淡化,其实那些都不是真正的爱情,只是在青春期生理上逐渐成熟造成的心理萌动,一点喜欢而已。

在未来,会有很多变数。这个时期的喜欢,只代表一种认同。孩子理解了父母的经历后,他会想到自己现在最应该做的事是学习,也会重新调整自己的心态,将精力首先放在学习上。

15岁的王川吃过晚饭,神秘地把父亲叫到他的房间,父亲问:"川川,什么事这么神秘?"王川说:"你得先答应给我保密,不对任何人说,我才告诉你。"

父亲点了点头。王川的小脸红了半天,才扭扭捏捏地说:"今天放学,我们班的林薇薇亲了我。"

父亲吃了一惊,心想现在小孩可真够早熟的,但父亲仍然装作很平静地说:"哦,那你喜欢她吗?"

孩子说:"没感觉,好像不喜欢。"

父亲这时长出了一口气说:"你可以告诉她呀。"

"那不行,人家是女孩,当面告诉人家,会伤人家自尊的。"

"那就什么也不说,就当这个事情没发生?"

"只好这样了,可她老是放学的时候在门口等着我。"

父亲顿了顿,对孩子说:"那我也告诉你一个秘密,我像你这么大的时候,也有一个女孩喜欢我,我也是不喜欢她。"

"那你是怎么做的?"

"放学的时候,她要是想和我一起走的话,我就从后门溜走了。几次后,她就不再等我放学了。"

孩子听了若有所思。后来,"偷吻事件"就不了了之了。

只要父亲学会对孩子进行正面的教育,他们就会对爱情有个正确的认识,不仅可以让他们获得真正的友情,还可以获得真正的爱情。

"早恋"既非洪水,也非猛兽,它是孩子成长到一定阶段的重要标志,也是孩子身心健康发育的证明。只是,因为孩子尚未成熟,对于感情的实质并不了解,如果把握不好,可能会深陷感情囹圄。所以,面临孩子的早恋问题,父母不必惊慌失措,也不必大动干戈,横加制止,而应给予适当的引导,让孩子把心思逐渐用回到正常的学习和生活上来。

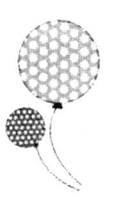

当孩子的内心受伤时

一天,妈妈去学校接一年级的女儿露露,发现走出校门的露露一路上不言不语,垂头丧气,于是细心的妈妈弯下腰问露露:"宝贝,你为什么不开心啊?要不咱们先去游乐园玩一会儿再回家吧!"露露的眼睛亮了一下,答应了妈妈的建议。

在游乐园坐了几圈旋转木马之后,露露的心情明显放松,高兴地笑了起来,当她停下来休息的时候,妈妈问她为什么不高兴。露露犹豫了一下,说出了原因:"上课时做数学题,我做的10道题居然错了3道,被老师批评了。"

听完,妈妈拿出了一张纸,在上面画了一座小山,又在山腰处画了一条横线,在线上写了:10-5=5;随后又在向上一点的地方画了条线,写上:10-3=7,然后对女孩说:"刚刚入学的时候,你曾经10道题错了5道,而今天只错了3道,已经有了不小的进步,妈妈相信下次一定是这样的……"露露立刻抢过妈妈手中的笔,写道:10-0=10。妈妈抱起露露,在她的脸颊上亲了一口,母女二人高兴地回家了。

我们大家都知道，假如不小心划伤了手指，第一个动作就是包扎伤口，这是生活常识，同样，当我们的心灵受到伤害时，包扎伤口也是必不可少的首要步骤。正如有人受了重伤，不及时医治便会因失血过多而产生休克，甚至死亡一样，女孩的心灵伤害也是如此，假如家长不关心女孩的内心感受，伤痕将一直留在孩子心中，可能成为她一生都无法摆脱的阴影。

上面故事中的家长，假如一开始就一味地问孩子："怎么了？""出了什么事情？是不是被老师批评了？"本身情绪不好的孩子可能会哭起来，如果妈妈再来一句："不许哭！"那么就等于在孩子的伤口上撒盐，事情将朝着不好的方向发展，非但无法改善现状，反而变得更糟。这位聪明的妈妈在发现女儿不高兴时，并没有立刻追问孩子原因，更没有说出批评或指责的话，而是先引导她解决了情绪问题，然后才问明原因，结果合理地解决了女儿的心理创伤，而且皆大欢喜。

对于内心敏感，且并不具备自我疗伤的能力的孩子，一旦心理受挫，有些伤害和打击对他来说，是沉重和长久的，因此家长的首要任务，便是细心地为他包扎治疗。

有位心理学家曾做过这样的实验：让两组智力水平相当的孩子分别记录同样的一批无意义的音节，以训练他们的记忆能力，其中一组孩子总是受到表扬，而另一组则总被批评。经过一轮实验之后，再做新的记忆实验时，总受批评的那一组效果非常差，而受到表扬和鼓励的一组则有明显提高。

这说明什么问题呢？总是受到批评的孩子丧失了自信心，心灵受到打击，以为自己根本无法记住，于是放弃了努力，而另一组则因为及时的鼓励而信心倍增，从而取得较好的成绩。

无独有偶，另一个心理实验是这样的：一个有着4扇门的房间，其中的3个是锁上的，只有一个能打开，对被试者的要求是尽快找到可以打开的门，然后走出去。这个实验看上去并不难，但心理学家在试验中增加了一些其他条件：当被试者进入房间后，实验者用冷水、电击、强光、大声呵斥等方式惊吓他们，结果被试者慌乱不已，吓得四处乱跑，不断重复地尝试已经试过的门，结果迟迟找不到能够打开的门。

是什么原因让这些被试者在这件原本简单的事情中，迟迟无法获得成功呢？原因很简单，他们被吓蒙了。作为家长，看到这里有没有联想到什么场景？当孩子做作业的时候，因为想不出准确答案，而被父母呵斥得手忙脚乱，不知所措？有些家长其实并不知道，记忆效果和灵感出现的最佳状态，应该是在愉悦、快乐、兴奋、自信、有兴趣的情况下，而不是在被骂得一点心情都没有的时候。

1. 要接纳孩子的不良情绪

对孩子表现出来的不良情绪，父母要采用理解、同感、真诚、爱等让他感到被理解，把"撒谎"那个口包扎好，再帮他将问题梳理清楚。

如果父母不能理解孩子，看到孩子情绪不好冷漠对待的话，那么孩子下次再出现类似问题的时候，可能会因为害怕指责而采取撒谎的办法。如果是那样，父母可就要好好反思一下了。

2. 帮助孩子认识到错误出现的原因

犯错谁都难以避免，何况是孩子。但是，不管是谁犯了错，都应该从错误中汲取教训。孩子可能还不具备这方面的能力，所以需要父母帮助孩子认识到错误出现的原因，以及如何避免再次受伤，并让他得到支持和解决问题的方法。

3. 带领孩子共同将出现错误的事情及时更正

如果父母在孩子犯错后不去指责，而是和孩子站在一边，一起想办法改正错误的方法，那么孩子就会感到踏实和贴心，改正起错误来也就更加积极。不过，父母们不要忘了，当孩子正确更正后，可要适时给予鼓励和赞赏哦。

父母对孩子的态度，往往决定了孩子的心灵是否健康，在遇到伤害时，及时为他包扎伤口，在为他梳理问题的过程中，培养孩子的责任感、创造力、思考能力和独立意识等优秀品质，培养他健康的心灵和性格，帮他向成功的道路上更进一步。

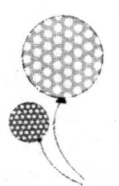

当孩子产生社交恐惧时

上三年级的洋洋,胆子很小,上课时就怕被老师叫起来回答问题,每次被老师喊到名字,洋洋总是迟疑半天才肯站起来。一听到老师点名洋洋就会紧张,就会脸红。洋洋的性格很内向,不善言谈,在学校也没有交到朋友,就算别的小朋友想找她做朋友,她也不答理人家。有什么不顺心的事情她也总喜欢回家和妈妈说。

有一次,班里的一个小男孩跟洋洋开了一个小玩笑,洋洋却觉得受了很大的打击。她哭肿了双眼,跑回家和妈妈说再也不去学校了,情绪低落到了极致。甚至一连三几天都躺在家里,不吃不喝,闷头流泪。最终,妈妈带着洋洋去看了心理医生。

心理医生吴姐开导洋洋的妈妈,正是她对孩子的"过度呵护"造成了洋洋如今的困惑。家长对女儿过度地呵护和控制,导致了女儿从小就对与别人的交际产生抵触情绪,认为只有家人才是可以依靠,可以信任的,其他人都会给自己带来危险。

心理医生吴姐建议洋洋的妈妈,要带着孩子接触社会,积极拓展孩子的交际能力,积极鼓励和支持孩子多参与集体活动,逐渐进入集体,这样才能从根本上治愈洋洋的社交恐惧症。

现在的家庭模式，导致独生子女们越来越孤单，生活在钢筋水泥、深院高楼的孩子们，如同豢养在笼子的小鸟一般，从小远离人群，缺少玩伴，陪伴他们的往往只是电视、电脑、游戏机等，这样的生活状态导致孩子们的人际交往能力越来越弱。

一组未成年人的调查数据显示：有20.8%的孩子存在中等程度的孤独，有22.5%的孩子表示"我没有知心朋友"，有45.6%的孩子相信"多数人是不可以信赖的"，有36.1%的孩子有过离家出走的念头。

由此，专家提醒家长们：人际交往能力在孩子的成长中起着十分重要的作用，尤其是在孩子的"关键期"，即少年时代，亲子关系、师生关系、同学关系的紧张与疏离，都会直接影响到孩子性格的发展和品质的形成。而女孩对各种关系更是非常地敏感，因此父母必须重视培养孩子的人际交往能力，从而培养了他驾驭生活、完善自我的能力。

1. 尽量给孩子创造单独出面的机会

胆量是锻炼出来的，所以父母不要把孩子护在自己的身边，而应该给他创造单独出面的机会。这样可以锻炼孩子的胆量，让他在任何场合能敢于表达。如此一来，孩子便不再害怕和别人交往。

父母可让孩子去小朋友家或者邻居家里串门，或者串亲访友。在安全的范围内，完全可以让孩子自己去，这样孩子没了依靠，自己就会逐渐学习处理一些交往中的问题。

思思是个10岁的小姑娘了，可是每当出门的时候总是躲在妈妈身后。妈妈让她和熟人打招呼，她也扭扭捏捏，一点也不大方，有时候干脆就跑开了，躲得远远的。

妈妈察觉到问题的严重，于是想办法帮女儿改掉这个问题。

通过阅读一些教育书籍，思思的妈妈找到了解决这个问题的办法，并且很快付诸实施了。她不再接送思思上学，而是让她自己去；有意识地让思思帮忙，比如打电话叫快递或者送水等；鼓励思思在家里招待客人，或者出去拜访同学，等等。

经过一段时间的训练，思思能做的事情越来越多了，她可以帮助邻居阿姨照看一会儿孩子，还会单独陪生病的奶奶去医院，并帮着挂号，和爸爸妈妈一起出去游玩的时候，她都能够从车上下来，主动向别人问路。

这一切，让思思的妈妈感觉欣慰极了，原来自己的女儿已经变成一个能干而独立的小大人了。

显然，思思妈妈的做法是明智的，也是非常值得父母们借鉴的。她为孩子提供了独立去做的机会，让孩子在一次次锻炼中提高自己的能力。

其实，人的潜力是无限的，很多孩子之所以表现出"不行"，不是他本身不行，而是父母没有给他"行"的机会，当父母能够放心让他大胆去做的时候，他也会做得越来越好。

要知道，父母在给孩子独自处理问题的机会的过程中，孩子会开动自己的小脑筋想办法，而不是像凡事都由父母帮着解决的孩子那样被动地在等待。

2. 给孩子创造一个温暖的家

在和谐、温馨的家庭环境中长大的孩子，通常拥有更多的自信。所以，父母一定要为孩子创造一个有利于他健康成长的家庭环境。

父母之间要和睦相处，父母和孩子之间也要平等交往，而不要滥用家长权威，尤其是对易羞怯的孩子。要学会跟孩子商量家里的事，多征求和尊重孩子的意见，这样孩子就会以主人的姿态出现，从而增强自信心。

具体来讲，父母可在家庭生活中，多对孩子也要多用些民主型的语言，比如："你觉得这样可以吗？""妈妈想征求一下你的意见"，等等。

3. 发掘孩子的内在潜力

无论多么害羞的孩子,都有一定的潜力。他们尤其需要父母的帮助,以克服羞怯的心理,这就要求家长不断地发掘孩子的潜力。

毋庸置疑,对孩子来说,人际交往能力将直接决定他们的性格发展、身心健康以及将来的生活质量。心理学家表示,人们觉得最有意义的生活,首要的就是拥有亲密的人际关系,是否拥有良好的人际关系将直接关系到生活幸福与否的状态。

所以,从小培养孩子的人际交往能力,等于给了孩子一个终生幸福的门票,持有这个门票的孩子事业发展较为顺畅,婚姻也容易美满快乐,也将拥有一个更容易快乐、幸福的人生。

当孩子受到委屈时

依依今年以优异的成绩考入了区重点中学。一家人都为此很开心。但是依依进入中学不久,妈妈发现了一些不对劲儿的地方,她发现,依依好像心事多了,情绪也变得复杂了。

一次,依依自从放学后一直不高兴,还十分反常地跟妈妈发脾气。

妈妈想知道为什么,就在晚上临睡前,来到女儿的房间询问。原来,依依白天在学校里做作业,在拿橡皮的时候不小心碰到了正在写字的同桌,虽然她连忙说"对不起",可那位男同学还是一拳打了过来。

由于当时是自习课,教师里没有老师,而依依又觉得这种事情不应该告诉老师,但她心里却感到很委屈,于是只好回家和妈妈发泄情绪了。

对很多家长来说,可能都经历过孩子在外面受委屈的情况,这也是一个比较普遍的问题。因为学校是一个小社会,那么多的孩子在一起难免会发生一些摩擦。而且,由于每个孩子都来自不同的家庭,有不同的性格和想法,孩子们在处理同学之间的关系时,必然会出现不同的意见和行为,使某些同学占了便宜,某些同学受了委屈。这都是十分正常的,关键是父母怎样帮助孩子,对孩子进行正确的心理疏导,才不至于影响孩子今后的学习生活。

1. 及时进行心理疏导,帮孩子分清是非对错

即使内心再刚强的孩子,在受到委屈后也肯定会难过、伤心。这就需要父母多关注孩子,如果发现孩子因为受委屈而不开心的时候,要及时地进行心理疏导,帮助孩子分清是非对错。我们可以像上面案例中依依的妈妈那样,先弄清楚事情的真相,并对孩子的正确行为予以肯定。

比如上面的例子中,依依的父母可以对她说:"你没有错,错的是你那位同学,他做得不对。在对这件事的处理上,你十分理智。有你这样的孩子,爸爸妈妈感到很自豪。"

相信,当依依听到父母这样的肯定后,委屈的情绪会减轻不少。

在对孩子肯定过后,父母还可以给孩子分析这样做有哪些好处,让孩子从父母的讲解中,认识到自己的能力,从而产生自豪感。

通常来看,孩子内心的自豪感会让他迅速从委屈的情绪中走出来,从而增强信心。

当然,如果孩子受到别人的欺负,父母还应鼓励孩子要真实地、理智地和老师反映,让老师来处理,而不要逆来顺受。

2. 给孩子讲解人际关系，让他知道受委屈也是在所难免的

发现孩子因受委屈而感到悲伤和落寞时，父母可以告诉他，任何人相处，摩擦是难免的，受点委屈也是正常的。

父母可以和孩子说一说自己曾经遇到过的类似事件。这样孩子就能尽快将注意力从感到委屈转移到"听故事"中来。

此时，父母可趁热打铁，引导孩子深入思考一些现实问题，比如："你觉得一个人能够什么时候都不遭受挫折吗？""如果在受到委屈时，每个人都大吵大闹，那么事情会有什么样的结果呢？"

还需要提醒一下，在与孩子交谈的过程中，父母要注意自己的态度，不要居高临下，而要如朋友一般，和孩子温和地交流。

3. 告诉孩子要勇敢面对别人的暴力行为

尽管我们提倡父母们让孩子自己去处理问题，但并不是说孩子受到委屈时，我们可以不用关注。相反，父母们应该认真关注事情的发展和最终的结果。

如果孩子在处理问题的过程中表现得很理智，那么父母就要及时给予肯定和赞扬；如果孩子凭借自身的能力没有办法处理这件事，或者其他孩子的行为还是没有改变，那么父母就要和老师取得联系，让老师来处理。同时让孩子知道，面对野蛮的、攻击别人的行为是要想办法制止的，坚决不能纵容。

孩子离开父母，自己以一个社会人的姿态去应付周围的环境时，出现这样或者那样的问题在所难免。当发现孩子和别人发生了矛盾，不论孩子是否正确，父母都不要用粗鲁的语言攻击孩子的伙伴，这样会让孩子觉得"自己是对的，别人是错的"，从而加深孩子与伙伴的敌意，也容易产生"我永远是正确的"的错误认识。如果父母能够采取本文中提供的建议来处理相关问题，相信你的孩子会尽快从委屈情绪中走出来，并从中得到启发。

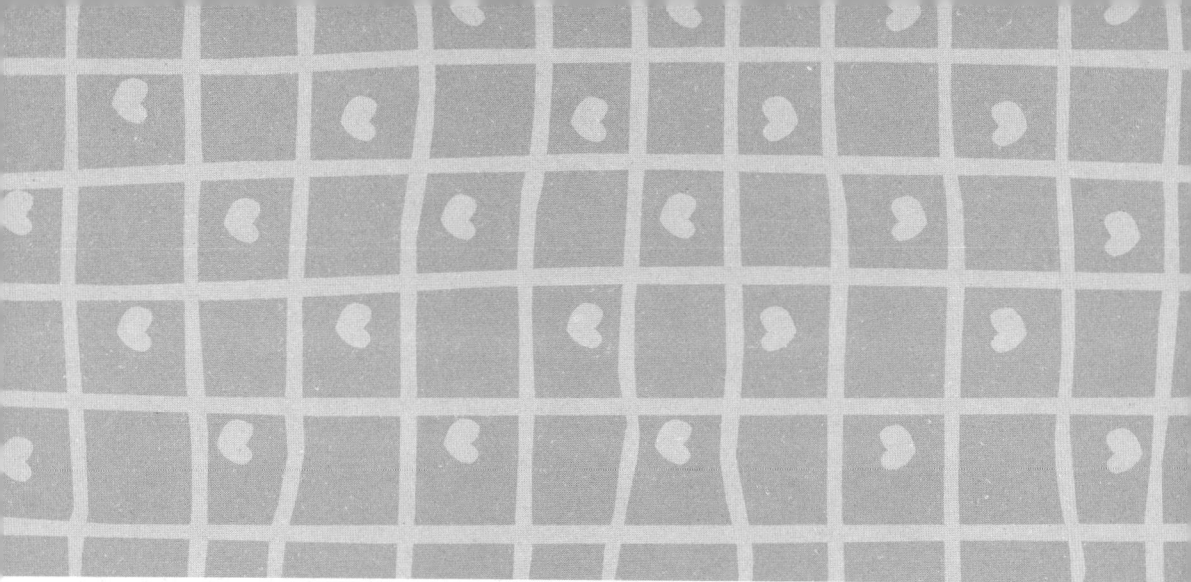

第八章
教孩子在失败中总结经验,抗挫折的孩子会反思

生活不会一马平川,沟沟坎坎在所难免。在尝试过程中,每一个细节,都会给孩子一种平凡而真实的教育。因此,父母不必担忧孩子会因为一次坎坷和挫折就灰心丧气。这正是挫折赋予孩子的财富。同时,引导孩子通过失败总结经验教训,反思过往情景中做得不好的地方,这样孩子才会再接再厉、永不放弃,直至收获最终的成功。

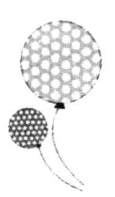

犯错是被允许的,但要在错误中学会成长

一天,钟钟的爸爸下班回到家后,发现平时放在客厅里的一个小板凳不见了。由于爸爸急着用,就到处找开了,找了半天,最终才从卧室的床底下找到。可是爸爸发现,板凳不知被谁弄坏了。

此时,爸爸才注意到坐在写字台前心神不定的儿子轩轩,就猜出个八九不离十。

爸爸把钟钟叫过来问:"钟钟,小板凳是你弄坏的吗?"

钟钟虽然心虚,但是还是不敢承认,战战兢兢地说:"我不知道。"

爸爸说:"是你也没关系,爸爸不说你,只是想知道是谁弄坏的。"

钟钟低下头说:"是我弄坏的,我拿着它玩,不小心给摔了……"

爸爸说:"承认了就是好孩子,弄坏了东西没关系,但是你想想,能不能把它修好呢?"

钟钟拿起板凳看了又看,好像在想什么问题。于是爸爸就手把手地教起了钟钟修东西,不一会儿两个人就修好了,钟钟高兴得不得了。

爸爸趁热打铁,对钟钟说:"宝贝,你今天把板凳摔坏了没什么事,但是，如果你哪天把水管弄坏了，流了很多水，怎么办？如果你点了火，家里有东西着了，怎么办？所以，犯了错误首先要告诉爸爸妈妈，我们会帮你解决，如果你自己能解决呢，那就最好了。"

钟钟煞有介事地点点头说："爸爸我知道了，如果我以后犯了错，我一定先告诉爸爸妈妈，要是我能把东西修好，我就自己修。"

钟钟的爸爸做得很好，他没有指责孩子，而是循循善诱地引导孩子承认错误，并让他认识到不告诉父母事实的危害。

然而，现实中并不是所有父母都能像钟钟爸爸这样，有的父母对孩子异常严厉，容不得孩子犯一丁点错误，每当发现孩子哪些地方做得不对，甚至不够好，就严厉斥责孩子。长此以往，孩子不但容易缺乏自信，以为自己真的什么都做不好，而且心理上也会因父母的这种"特殊"的爱而发育不良。试想，如果钟钟的爸爸对孩子严厉呵斥，会得到怎样的结果？在以后漫长的成长过程中，孩子不犯错是不可能，一旦犯了，很有可能会产生恐惧感，蹦进脑子的第一个念头就是："完了，爸妈知道了怎么办？他们会打烂我的屁股的。"所以说，父母不允许孩子犯错，很可能是造成一定的负面影响。

另外，还有些父母由于受传统教育思想的影响，认为"严管出孝子"，要时时处处拒绝孩子的所作所为。于是，他们不分青红皂白地对孩子所有的要求都进行否定，这个也不行，那个也不能。例如，滑梯很高，不准滑；厨房有火，不许过去；老实坐着，不许乱动……

其实，这种种做法很容易扼杀掉孩子对生活和学习的自发性、主动性、积极性。发展到最后，必然是孩子因为害怕犯错，而不主动去学习和尝试了。那样，孩子的探索欲和求知欲就被毁灭，后果就可想而知了。

1. 把孩子的错误当成学习的过程

8岁的谢飞跟着父母一起去美国游玩。一次，他们在逛公园的时候，谢飞高兴地跑到父母身边说："爸爸，妈妈，你们看，这是什么？"原来，谢飞用自己的纸船跟一个德国小朋友换了一只模拟的玩具船。

很显然，谢飞的纸船的价格和那个玩具船的价格根本没法比，一个是用废旧的纸自己叠的，最多值3美分；而另一个是从玩具店里买的，价值大约20美元。

爸爸妈妈了解了情况后，对谢飞吼道："你怎么这么爱占别人的便宜？你这样做是不对的！说，你跟谁换的？"谢飞哭着指向远处的一个美国小女孩。

于是，爸爸妈妈拉着谢飞走过去，对那个小女孩的妈妈说："对不起，我孩子不懂事。"然而，那位美国爸爸的话让他十分震惊，他说："船是我孩子的，所以由她做主，你孩子喜欢，就归她了，一会儿，我会带我孩子再去买一只，让她知道这条船值多少钱，能买多少纸船，下次，她就不会再犯这样的错误了。"

美国爸爸的一席话，让谢飞的爸爸无地自容。这位美国爸爸非常尊重孩子的权利，没有一味批评孩子，而是通过有效的措施，让孩子认识到自己的错误，并且找到正确的做事方法。

从古至今，社会的进步过程都遵循着错误—学习—尝试—纠正这样一个规律。正是通过不断地循环，我们人类才得以成长，世界才得以进步。

其实，孩子的成长过程又何尝不是如此？如果父母把错误这个使之进步的源头彻底消灭，那么你的孩子也就难有成长的机会。所以，我们不应该对孩子的过错横加指责，而是要尽量把孩子的错误当成学习的过程，允许他犯错误，让他在错误中得到真理，得到做事的正确方法。

此外，我们还有必要认识到，很多时候孩子犯错也可能是因为不够专心、没有耐性，或者能力欠缺等导致的。这时候，我们要耐心地给孩子支持和辅导，而不要胡乱批评孩子，否则很容易让孩子产生自卑甚至罪恶的感觉。

2. 让孩子为自己的错误付出一点代价

为自己犯下的错误付出代价是天经地义的事，即便是孩子也同样得为他的错误付出代价。如果没有为相应的错误受到惩罚，那么错误还会延续下去。我们注意到，有很多父母看到孩子犯了错误后，就马上动手帮他纠正，就像上面那位爸爸一样。这样可能会让孩子意识到自己的错，但是由于没有得到惩罚，所以印象并不深刻，以后很可能还会犯同样的错误。

菁菁第二天要参加学校组织的郊游活动，时间是两天。临出发的前一天晚上，菁菁的爸爸就对只顾玩游戏的女儿说："先别看电视了，准备准备明天去郊游的东西吧，否则明天早晨又要手忙脚乱了。"

可是菁菁却不理会，不耐烦地对爸爸说："爸爸你可真啰唆，不就是郊游吗，我完全可以照顾好自己的，放心吧，东西早就准备好了。"

听女儿这么说，爸爸就没再说什么，可是发现菁菁没带换洗的袜子，而且雨伞也没带。菁菁妈妈发现了，想帮孩子准备好，但菁菁爸爸却制止了。

菁菁郊游回来后，爸爸问她："闺女，玩得怎样啊？"菁菁说："还不错啊，就是没换洗的袜子穿，天气太热了；雨伞也忘带了，偏又赶上一场中雨，只好蹭同学的伞了，下次我可再不要这样马虎了。"

看完这个故事，你可能觉得菁菁的爸爸是个狠心的父亲。可是换个角度再看，他却是一位智慧的父亲。他阻止了妻子的行为，就是要让孩子为自己犯的错误付出一些代价。如果妻子帮助她准备好了，孩子依旧是一副没记性的样子，并且孩子还会产生依赖心理：我没准备好没关系，还有妈妈帮我弄呢。其实，孩子只有真尝到一些苦头，才会对自己所做的错事记忆深刻。相信菁菁在下次外出时，一定会准备好自己的行李。

相关心理学家认为，孩子的成长过程就像一盘录影带，需要一切情绪，比如，快乐、痛苦、伤心、高兴、骄傲、自满等，与行为作为预演与实践，留下一些印迹，对孩子以后的成长是非常有利的，孩子可以通过"心理反刍"获得正确的做事方法。所以，即使自己的孩子经常犯错，做父母的也不必担忧。因为只要父母善于引导，孩子还会从错误中学到一些东西。

只有乐观积极，才不会被挫折打败

漫无边际的沙漠里，有两个人在艰难地跋涉着，当看到仅剩的半瓶水时，一个人说，"哎，只剩半瓶水了"；而另一个人却说，"太好了，还有半瓶水呢"，最后，前者永远留在了沙漠里，而后者却最终走出了沙漠。

还有两个人，他们效力于一家制鞋企业。公司同时派他们前往非洲考察，一个回来说："那里根本不可能有市场，因为那里的人们都不穿鞋子。"而另一个回来则这样和老板汇报："太好了，我认为那里市场潜力巨大，因为那里的人们都需要鞋子。"

在同一种情况面前，不同的人拥有不同的心态，而不同的心态又会产生不同的结果。显然，悲观者眼里看到的是只有失望，甚至绝望，而乐观者却不管在什么时候都能发现希望。

其实，人与人之间只有很小的差异，但是这种很小的差异却会造成巨大的差异！

所谓"很小的差异"，就是悲观和乐观的区分，所谓"巨大的差异"，就是失败和成功之别。如果一个人能够始终保持乐观积极的心态，那么他的人生之路一定会阳光明媚。相反，如果一个人总是以消极悲观的态度面对人生，那么他的人生之路就会一片黯淡。

看看我们的孩子，其实也存在着乐观和悲观的差异。也许很多父母认为，这是天生的。实则不然。心理学家发现，乐观性格是可以培养的，即使孩子天生不具备乐观品质，也可以通过后天的努力来实现。实际上，儿童期是一个人心理发展最为迅速的时期，这对孩子一生的成长和发展都至关重要。为了培养出一个积极乐观的孩子，为了让我们的孩子在将来的道路上走得更加顺畅，那么父母们就应当重视对孩子进行乐观主义教育，让孩子得到健康、全面的发展。

那么，父母应如何培养孩子乐观的心态呢？

1. **引导孩子摆脱困境**

前面我们多次提到，任何人不能够保证事事称心如意，正是因此，即使再乐观的人也不可能"永远快乐"。但是，乐观者在面对挫折和失意的时候，往往能以较快的速度重新振作起来。

当发现孩子闷闷不乐的时候，父母不管有多忙，也要抽出时间和孩子交流，了解孩子不开心的原因，并教育他学会忍耐和坚强，鼓励孩子遇到事情多往好的方面想。这样，孩子会在父母的引导下，更快地将不愉快的事抛之脑后。

2. **鼓励孩子与他人融洽相处**

积极乐观的人，往往具有更多的朋友，也有着更好的人缘儿。其实，这种心态的获得，和密切的人际关系是分不开的。能与他人融洽相处的人，心中的世界往往也较为光明和美好。

所以，父母可以多带孩子接触外面的小朋友和大朋友，让孩子学会与不同的人和睦相处。

3. 尽可能培养孩子广泛的兴趣爱好

很多父母都有体会，那些性格开朗，心态积极的人往往总有忙不完的事，即使业余时间，他们也是"放下耙子就是扫帚"。其实，孩子也同样，如果一个孩子如果仅有一种爱好，就很难保持长久的快乐感觉。所以，父母要多引导孩子养成广泛的兴趣和爱好，这样会很大程度上帮助他获得快乐和满足。

4. 为孩子创造一个充满快乐的家庭环境

我们常说"环境塑造人"，任何人不能否认环境对一个人的影响。对孩子来讲，家是他待得最多的地方，家庭的气氛、家庭成员之间的关系在很大程度上会影响他性格的形成。可以想象，一个毫无温情和快乐可言的家庭环境里，怎么能培养出快乐的孩子呢？

从某种意义上讲，教育的目的就是让孩子成为一个快乐的人。什么样的孩子更容易快乐呢？当然是那些性格乐观的孩子更容易快乐。不仅如此，乐观的孩子长大以后不仅自信豁达，事业较易获得成功，身体还较为健康。因此，父母要注意孩子的日常情绪，通过培养孩子的乐观个性，养成孩子自信、开朗等素质。

不放弃努力，成功就不会抛弃自己

北宋文学家、史学家欧阳修为我们留下了很多千古名句。同时，欧阳修也是一个从小经历很多磨难的人。

在他4岁那年，父亲染病去世了，和母亲郑氏相依为命，过着贫苦的生活。

但是，郑氏并没有因为条件不好而放弃让孩子学习。没有钱买纸笔，她就让孩子拿荻草杆在地上写字，代替纸笔，天天练习。

欧阳修也很听从母亲的教导，一笔一画地认真练习写字。一开始写得不好，但是他没有放弃，反反复复地练习，错了再写，写得不工整了也再重新来过，直到写得令自己满意为止。

这就是史书所传的"郑夫人画荻教子"。也正是母亲郑氏的这种教导，使欧阳修从小打下了良好的学习基础。

由于家里非常贫穷，买不起书，而欧阳修又很喜欢看书，所以他常去借书看。欧阳修经常去的是一个姓李的藏书家那里，无论是严寒的隆冬，或者是赤日炎炎的盛夏，从不间断，从不松懈。每见到书上一些好的内容，他都赶快把它抄下来。

应该说，出身贫寒的欧阳修能够成为一代文学家、史学家，和他母亲郑氏的教导是密不可分的，因为母亲的教导里，渗透着永不言弃的坚毅力量。

在感慨欧阳修的永不言弃的坚韧力量的同时，来看看我们所处的现实生活。是不是经常会发现，有些人一遇到点困难就抱怨这抱怨那，最终选择退缩，以放弃而告终。

可以肯定，这样的人势必干不出任何名堂，只能当一天和尚撞一天钟，苟活于世，最终成为生活的弃儿。

痛苦总会到来，但我们不能因为生命中会有痛苦，就忽略曾经拥有过的欢乐；也不能因为害怕挫折的来临，就惶惶不可终日；更不能因为曾经遭遇的失败，而放弃对未来美好人生的追求。

勇敢、豁达、积极、乐观的人生态度，是我们每个人应该具备的一种生活品质。当然，我们更需要把这种坚强的品质赋予我们的孩子，只有这样，他们才会在逆境中百折不回，笑对人生。

我们每天经历的事情中，大多是鸡毛蒜皮的小事，而正是这些小事，关系到我们养成的是好习惯，还是坏习惯。在对孩子的培养上，我们仍然要从这些小事入手。但凡在事业上取得成绩的人，大多善于通过日常生活中的小事来磨炼自己的意志。

张彤今年以优异的成绩考入了理想的大学。他曾经是个意志薄弱的孩子。他今天的成绩离不开妈妈通过生活小事对他意志力的磨炼。

有一次，邻居王阿姨送了张彤一张电影票，这是他一直嚷嚷着想看的电影。可是那天老师布置的作业很多，妈妈要求他克制激动、浮躁的心情，静心在一个半小时内把所有作业做完，然后去看电影。张彤办到了，他如愿以偿地看到了电影。

生活中，妈妈常用这些小事来提升张彤的自制力，让他的意志力在忍耐、克制中增强。

事实上,小事才是塑造一个人品格和习惯的起点。对孩子顽强意志的培养就需要在这些小事中持之以恒地坚持下来。

失败后不能忘了继续向前

林肯少年丧母,从小就从事劳动,放过牛,种过地,和父亲一起拉过车。

逐渐长大后,林肯又做过很多普普通通的工作,他当过店工、邮递员、测量员。

在贫穷的出身和痛苦的生活面前,林肯不但没有退却、畏缩,而且能够顽强拼搏,勇于进取。

1832年,林肯失业了。由于失去了生活的保障,林肯感到很难过。但是他想起自己要当政治家的梦想,又重新振作起来。然而糟糕的是,他竞选州议员失败了。

接着,林肯着手开办企业,可是才几个月的工夫,企业又倒闭了。此后的十多年时间里,林肯只得为偿还企业所欠的债务而辛苦奔波,饱经磨难。

随后，林肯又觉得参加州议员的竞选，很幸运，这次他成功了。

可是命运似乎总要和他开玩笑，就在一切顺利进行的时候，他马上要结婚的未婚妻却不幸逝世。受到了如此巨大的打击，林肯患上了精神衰弱症。

1838年，林肯觉得身体已经恢复，于是决定竞选州议会议长，可是落选了。时隔5年，他又竞选美国国会议员，仍然没有成功。

但是林肯还是没有放弃。1846年，他又一次参加竞选国会议员，这一次，他当选了。

之后，又经过起起落落几番遭遇，最终到1861年，林肯终于当选为美国第十六届总统。

可以说，林肯的成功主要取决于他面临困难不退缩的坚韧不拔的精神。同时林肯曾说过："此路艰辛而泥泞，我一只脚滑了一下，另一只脚因而站不稳。但我缓口气，告诉自己，这不过是滑一跤，并不是死去而爬不起来。"的确，只要在任何困难面前都选择坚强，在跌倒无数次后，还能重新爬起来的人，那么就能登上成功者的宝座，摘取胜利的桂冠。

然而，在我们的生活中，却有这么一群孩子，他们的耐挫折能力差，经不起失败，一旦有一次考试成绩不理想，就会消沉起来，变得一蹶不振、自暴自弃，失去进取的信心。更有甚者，还有一些孩子，因为承受不了失败的打击，酿成了轻生的悲剧！为什么这些孩子的心理如此脆弱，经不起失败呢？原因在于，现代的孩子大多是独生子女，他们从小就生活在长辈们的悉心呵护下，为了避免让孩子磕着碰着，家长们可谓费尽心机。家长的过度呵护，的确在很大程度上避免了孩子免受皮肉之苦，免受失败的沮丧，但同时也剥夺了孩子遭遇挫折的机会和权利，以至于孩子们一遇到挫折就成了"水煮的萝卜"，软弱有余，坚韧不足，形成了输不起的个性。

要想你的孩子经得起失败的考验，在今后的事业上取得成功，家长应及时调整孩子的心态，鼓励和支持孩子，让他们以积极的心态正视"失败"，培养他们接受挑战的勇气、信心和能力。

那么,家长怎样做才能帮助孩子在面对失败时不退缩,有坚持下去的勇气呢?

1. 帮助孩子学会处理失败后的情绪

许多孩子在经历失败以后,通常很容易就陷入胆怯和过多的自我批评的情绪之中!这个时候,他们可能一直在懊悔:"如果……可能不会失败。"孩子会因此不断地找理由责备自己,给自己造成很大的心理压力。因此,经验丰富的家长应该帮助孩子处理失败后的情绪!让孩子从失败的消极情绪中走出来!

有一个孩子非常热爱足球,有一次在跟别的学校比赛时,裁判误判了他,说他故意撞人,罚了他一张黄牌。但孩子很不服气,和裁判吵了起来。尽管后来比赛得以延续,但这个孩子在后面却发挥得很不好,踢得一塌糊涂,结果这场比赛输了。比赛结束后,其他人都走了,这个孩子在球场里却不肯离开,他的爸爸妈妈一句话也不说,站在场外默默地等待,孩子在足球场上一次又一次狠狠地射门,直到射了101次,然后孩子什么也没说,和他的爸爸妈妈一起回家了。

故事中的父母很理性,除了等待,他们没有采取任何行动安慰孩子,因为最终孩子要学会自己处理自己的情绪。当孩子面临失败时,给孩子一段心理的缓冲期和独立的时间是必需的,家长不必急于介入,有些情绪过去了就过去了,不一定要很正式地处理。孩子会学会接受不愿接受的东西。在这个过程中,孩子会变得坚强、宽容。如果遇到孩子无法自拔时,家长则可以稍稍点拨一下。

2. 帮助孩子寻找失败的原因

当孩子经历失败的时候,帮孩子找到失败的原因也很重要,如果不知道原因就会始终是一种压力。而且,只有找到失败的原因,孩子才有超越失败的可能。

失败的原因可能有很多，或者是自己的能力不足，或者是经验不够，也可能是努力程度不够，环境的条件不成熟等。家长可以帮助孩子分清哪些失败是自己的原因，哪些失败是外在的原因；哪些失败是可以避免的，哪些失败是不可避免的。这时候，家长不妨多听听孩子的想法，协助孩子一块儿分析方方面面存在的问题和可能。

3. 和孩子分享自己的失败经验

在日常生活中，家长也应树立起时刻为孩子做典范的意识，不要流露出害怕失败而放弃的思想。当家长面临一次次的失败时，千万不要流露出放弃的思想，而应以这样一种语式对孩子说："我这次还没有学会，但我发现我能……我决定多请教，加强练习，我相信我一定能学会的。"家长对失败的态度，直接影响到孩子，所以，家长一定要给孩子树立起好的榜样。

马丁·塞利格曼在《乐观儿童》中有一句这样的话："孩子要想成功，必须学会接受失败，感觉痛苦，然后不断努力，直至成功来临，每一过程都不能回避。失败和痛苦是构成成功和喜悦最基本的元素。"

任何一个人的成功，都要经历失败的洗礼，孩子也不例外。作为家长，我们应该培养孩子面对失败永不退缩的勇气，并帮助孩子总结经验教训，建立适度的期望水平，鼓励孩子在挫折中奋起。

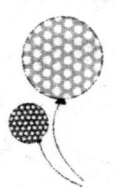

分清轻重缓急，做事前要先有计划

吴女士的女儿小雪是个5岁的可爱女孩，最近刚刚上了幼儿园。吴女士发现孩子身上存在的一个以前没有注意到的问题——小雪做事不分轻重缓急，经常会做一些"丢了西瓜拣芝麻"的事。

有一天早上小雪起床有点晚了，因为怕去幼儿园迟到受老师批评，所以她对妈妈说："妈妈，咱们不吃早饭了好吗？到幼儿园门口我买面包吃，要不然我就要迟到了。"妈妈说："你看你，我都把早饭准备好了。害怕迟到我叫你起床你还不起。那快点收拾一下咱们走吧。"于是小雪慌慌张张地收拾了自己的小书包就和妈妈出了门。可就在等公交车的时候，小雪忽然说："妈妈，我忘记带我的画册了，今天我还想画一个好看的图画呢，咱们快点回去取吧。"妈妈说："早饭你都没吃就怕迟到，现在还回去取东西？那样肯定就迟到了。""不嘛，妈妈，快点回去取吧。"小雪哼唧着说。吴女士耐着性子说："小雪，你怎么不懂事呢？画册在家又不会丢，晚上回家再画不好吗？现在你上幼儿园就要迟到了，老师会批评你的。"听到妈妈这么说，小雪才上了公交车。到幼儿园门口的时候，小雪去糕点店买面包，可听售货员说蛋挞马上就好了，于是她和妈妈说:"妈妈,我要吃蛋挞,咱们等一会儿。"

吴女士看了看表,马上就要迟到了。可小雪坚持要等,她摇着头无奈地想:孩子的这个毛病一定要改!

著名思想家培根说过:"敏捷而有效率地工作,就要善于安排工作的次序,分配时间和选择要点。善于选择要点就意味着节约时间,而没有条理地瞎忙等于乱放空炮。"

处于成长阶段的孩子,心理过程的随意性很强,自我控制能力较差,常常一件事没做完就又想着做另一件事,显得做事杂乱无章,缺乏条理。

上述案例中的现象在现在的孩子中非常普遍,父母应该分析孩子的毛病产生的原因是什么。这样的孩子往往是很聪明、待人热情、外向的孩子,喜欢挑战困难,然而却容易过高地估计自己。平时做事情计划性不强,做事没有常性,坚持性差,注意力容易转移。

针对这样孩子的情况,家长应该在思想上给予足够的重视。未来社会是合作与竞争的社会,要使孩子将来能够适应繁杂的社会性事务,以及紧张的生活节奏,就要从小养成生活的条理性、计划性,注意引导孩子克服做事马虎、毛躁、毛手毛脚、慌慌张张、丢三落四的毛病,养成严谨细致的习惯。

1. 从扶到放,循序渐进地引导

在日常生活里,父母要随时留心观察孩子,看看他在做事的时候,是不是有一定的秩序,是否知道先做什么,后做什么。如果发现孩子欠缺这方面的能力,就要立即指出来,并告诉孩子做事情应该有先后次序,做完一件事再做另一件事。这样才会更有效率,也更加规范。如果不止一件事摆在面前,那么先不要着急去做,而是先想好该怎样安排顺序,先做哪一件,后做哪一件。相信只要父母给予细心地引导和帮助,孩子就会慢慢学会做事情的具体步骤和最合理的方法。这样孩子做事才能有条不紊,提高效率。

2. 建立合理的时间和计划制度

有些人一天到晚忙个不停，却总是没什么效率。这很可能和其没有建立合理的时间和计划制度有关系。为了避免这一点，父母应该根据孩子的年龄特点和实际条件，把每天要做每件事的时间都固定下来。帮助孩子做好计划，让孩子知道什么时间要做什么事，怎么才能做好这件事，应注意哪些问题，等等。

3. 榜样的力量是无穷的

民间有句俗语，叫"喊破嗓子，不如做出样子"。的确，父母的言传身教，比讲一千句大道理都有用。这就要求父母们要以身作则，不管做什么事，都先有计划。要知道，你的做法都被旁边的孩子看在眼里，记在心上哦。

必须承认，对孩子任何一个良好习惯的培养都不是一蹴而就的，教会孩子做事有条理同样是一个漫长的过程，所以，父母们要坚持要求，反复强化，不断地对孩子进行引导和激励，这样，我们的孩子就会养成做事有条理的好习惯。

遭遇挫折,无须怨天尤人

已经上小学四年级的瑞丰是一个聪明好动的男孩子,学习成绩特别优秀,几乎每次考试都是班级里的前两名。瑞丰特别要强,对自己要求很严格,在任何事上都要做到比别人好,落后一点都不甘心。瑞丰的爸爸妈妈十分宠爱孩子,在生活上对瑞丰照顾得无微不至,有求必应。难免地,瑞丰也有很多独生子女的"通病",就是心理上的软弱,受不得挫折。

那是三年级的期末考试,瑞丰不知道为什么发挥失常,在班级里成绩一向数一数二的他居然考出了前十名!这在向来要强的瑞丰看来无疑是一个巨大的打击。考试成绩出来之后一连三天瑞丰都没有走出家门,真可谓是"茶不思饭不想",两眼哭得通红。任凭爸爸妈妈怎样安慰哄劝都不行。他哭着说:"妈妈,以后老师和同学们会怎么看我啊,肯定不是说我骄傲才落后的,就是说我以前考得好不是真实水平,反正以后他们会看不起我的,我可怎么办啊!"妈妈说不会的,一次发挥失常而已,你一直都这么棒。瑞丰说:"我们班级很多同学都去外语班补习了,你和爸爸一直都没给我报名,他们的外语成绩现在都那么好,要不然怎么能超过我!"

瑞丰的爸爸这时候察觉到了点什么，他说："瑞丰，你都这么大了，还是男孩子，怎么这么脆弱呢！一点小挫折都经受不起，以后怎么面对生活？告诉你，你以后要面对的挫折远比现在要多、要严重！考试失利一次不要紧，关键是找出失败的原因，以后改正，再接再厉。你现在这是什么态度？怨天尤人？这一点都解决不了问题！现在振作起来，开始准备下个学期的课程吧，怎么样赶上去，这才是你想要的。不是吗？"听了爸爸的话，瑞丰停止了抽泣。

类似于这个案例的情形在现在的孩子中间可谓是司空见惯。在生活中，无论是家长还是孩子，都把学习成绩看得比什么都重要，孩子的其他方面素质和能力似乎都不算什么，包括孩子的心理素质和抗挫折能力。于是，学习成绩优异的孩子们稍遇到一点不如意、一点失败或是一点挫折便觉得天似乎就要塌下来了。这个时候，他们似乎很无辜，很委屈，也很痛苦，仿佛一切都和自己没有关系，而自己是"受害者"。于是，抱怨和推卸成了孩子们对抗挫折的唯一"武器"，他们不是说自己受到了不公正待遇，就是找客观上的各种原因。总之，怨天尤人成了他们最习惯的做法。

上面案例故事中的瑞丰的爸爸说得很对，遇到挫折，怨天尤人解决不了问题，关键是找出失败的原因，想办法改正，再接再厉。

实际上，像上面说到的这种孩子，他们面对挫折的"主观不努力，客观找原因"的态度表现出了一个现在的普遍的家庭教育问题，那就是家长们对孩子的意志教育存在缺陷。所谓意志，是指一个人内在的积极要求进步的精神特征，而抗挫折能力是尤其重要的一个体现。

我们知道，一个人面对挫折时持何种态度，是积极的还是消极的，和所采取的必要措施，是有效的还是无效的，这往往能体现出一个人的综合素质能力。如果遭遇挫折后不能理性面对，不去积极寻求解决方法，那么无论这个人是孩子还是成人，我们都很难相信他是一个综合能力强、整体素质高，并且能取得大成就的人。

家长们要清楚，孩子迟早有一天要独立起来，要一个人承担起生活和人生的重担，那么培养孩子的抗挫折能力就显得必要了。

1. 在孩子实现目标的过程中，要善于激励他

心理研究人员曾对世界级的运动员做过调查，调查结果表明，在他们的早期生活中，影响最大的是父母的激励。也就是说，是因为父母实时地对他们进行了激励，才使他们能够在自己的领域中披荆斩棘，一往无前。

那么，为了我们的孩子也成为某个领域的"冠军"，我们是不是也该向这些父母学习呢？当发现孩子取得了成绩，哪怕只是"不起眼"的成功，我们也不要吝惜肯定和赞扬。

事实上，孩子哪怕取得一丁点成绩，都是他与外界较量的结果，对他来讲是着实不易的。

当感受到来自父母的赞许和激励，孩子心中为胜利而努力拼搏的劲头会更足。所以，父母们请记住，不管是孩子取得成绩还是遇到挫折，都需要我们给予鼓励。因为对孩子的成长和未来来说，父母鼓励他独自克服困难，比伸出援手帮他解决问题要有用得多。

2. 给孩子以拼搏振奋的家庭气氛

父母应该为孩子树立克服困难的榜样，让孩子在奋发图强、全力拼搏的家庭气氛中成长，这对培养孩子的拼搏精神是非常重要的。

有个寓言故事：有人问老鹰为何要在苍穹中培养自己的孩子，老鹰回答说："如果我贴着地面去教育它们，那它们长大了，哪有勇气去接近太阳呢？"

显然，老鹰为了培养孩子的顽强精神，自己做了很好的表率。这种老鹰的教子精神，不正需要我们做父母的学习吗？

如果在困难面前，父母总是一脸苦相、一蹶不振，那么孩子无形中就会不敢迎战困难，拼搏、顽强就更无从谈起了。

我们需要让孩子知道的是，要想取得成功，实现自己的追求，就不要惧怕挫折，而是要想办法打败挫折。在遭遇挫折的时候，不要自乱阵脚，要冷静分析自己的主观失误之处，从自己身上找原因，然后去改正，继而渡过难关。任何的借口都是软弱和无能的表现，能够战胜困难，克服挫折，从而勇往直前取得成功，这才是最终目的，这样的人才是生活的强者。